U0179084

中国新疆

和田玉

的价值

乾正　著

台海出版社

图书在版编目（CIP）数据

中国新疆和田玉的价值 / 乾正著.--北京：台海
出版社，2021.10
ISBN 978-7-5168-3145-8

Ⅰ.①中… Ⅱ.①乾… Ⅲ.①玉石－鉴赏－和田县
Ⅳ.①TS933.21

中国版本图书馆 CIP 数据核字(2021)第 194379 号

中国新疆和田玉的价值

著　者：乾　正

出 版 人：蔡　旭　　　　　　　　封面设计：博鸿世纪
责任编辑：员晓博

出版发行：台海出版社
地　　址：北京市东城区景山东街 20 号　　邮政编码：100009
电　　话：010-64041652（发行，邮购）
传　　真：010-84045799（总编室）
网　　址：www.taimeng.org.cn/thcbs/default.htm
E - m a i l：thcbs@126.com

经　　销：全国各地新华书店
印　　刷：涞水建良印刷有限公司
本书如有破损、缺页、装订错误，请与本社联系调换

开　　本：880 毫米×1230 毫米　　　　1/32
字　　数：103 千字　　　　　　　　印　张：5.75
版　　次：2021 年 10 月第 1 版　　　印　次：2021 年 10 月第 1 次印刷
书　　号：ISBN 978-7-5168-3145-8

定　　价：128.00 元

前　言

　　中国新疆和田玉是中国的，也是世界的。它是大自然恩赐人类的瑰宝。当你的目光与它相遇时，它那精光内敛透出的厚重、温润会滋润你的全身直至你的灵魂。这一刻，你心中的躁动仿佛被消融，豁然宁静。或许这就是人与自然的融合，是超越物质的道与德，是一种境界。

　　新疆和田玉是历史的纽带，当你的手握住它时，仿佛能瞬间回到远古大海，体验暗潮涌动与惊涛骇浪。你如同伴随远古大海抬升出海平面的陆地，呼吸了第一口空气。你看到了陆地上的第一次晨曦，看到了蓝天白云、艳阳高照，看到了皓月悬空、群星闪耀。你可以听到茹毛饮血、刀耕火种的祖先们传颂女娲补天、后羿射日的神话；看见大禹治水的磅礴；聆听孔子宣讲《诗经》，诠释仁与德；受教老子"道非道，非常道。名可名，非常名"。

　　随着人类文明的进步，和田玉终于突破皇权独享禁区走向社会，但在和田玉进入社会市场经济时也出现了一些问题。中国新疆和田地区所产出的非蛇纹岩类双接触交代作用形成的多种矿物集合体透闪石软玉（狭义和田玉）是一种不可再生性极稀缺的矿物资源，集全世界四个"唯一"于一身，对市场的供应远远小于需求。在这种情况下，和田玉市场相应出现了大批量与基性岩和超基性岩有关的透闪石玉（广义和田玉），广义和田玉对狭义和田玉市场供应短缺的替补是市场经济的必然，符合实际并可以被理解。狭义和田玉市价与广义和田玉市价相比有天壤之别。狭义和田玉品质分三六九等，广义和田玉品质也分三六九等。在和田玉市场里广义和田玉与狭义和田玉两种市价不同的和田玉混淆，毫无科学依据地仅凭想象随意解释、理解和田玉知识与和田玉品质现象时有发生，令广大和田玉消费者眼花缭乱，难以辨识。

　　面对这种现象，我觉得有必要对和田玉从地质学角度进行一点基础性阐述，把自己数十年收藏中国新疆和田玉的经验用图文方式分享出来，供广大和田玉爱好者参考。如果读者能从本书中得到一些启发，进而收藏到货真价实、称心如意的和田玉藏品，那将是对我最大的鼓励。

目　录

第一章
新疆和田玉成因

　　中国新疆和田地区所产出的和田玉是一种角闪石类的钙镁铁双链结构硅酸盐矿物新种矿物。距今十几亿年前的中元古代晚期白云岩沉积阶段，在塔里木古陆南缘（现在昆仑山脉北缘所在位置）还是一片浅海地带时，即有大量碳酸盐沉积。其中含镁质白云岩是成玉的主要物质来源之一，白云岩区域变质阶段在元古代末期震旦纪，昆仑运动造成全区强烈褶皱断裂活动形成了塔里木大陆。在广泛区域变质作用中，白云岩变质为白云石大理岩，此后该地区陆块隆起成为中国最早露出海面的陆地。

　　白云岩交代蚀变阶段在两亿多年前古生代石炭纪晚期至二叠纪晚期，发生了一次世界性地壳运动——华力西运动。华力西晚期，塔里木大陆南缘古陆块陆缘地块和活动带中间地块中有强烈断裂活动及岩浆活动，沿断裂带有中酸性侵入岩侵入白云石大理岩，在侵入体顶部残留的白云石大理岩捕虏体或舌状体与岩浆 000005DC 侵入体和热液接触交代后形成透辉石化、镁橄榄石化和透闪石化蚀变，是成玉的物质条件之一。成玉阶段"华力西"晚期侵入体派生的浅成中酸性岩脉侵入到白云石大理岩蚀变带再次发生接触交代作用，在极苛刻地质条件（300—350 摄氏度左右，2.5 千帕以下和一定扭压应力）下，和田玉终于形成。

中国新疆和田地区产出的软玉是迄今为止全世界所发现的唯一一种非蛇纹岩类双接触交代作用形成的多种矿物集合体透闪石玉（狭义和田玉），是独一无二的。除此之外，全世界软玉矿床都是蛇纹岩型，与基性岩和超基性岩有关（广义和田玉）。中国新疆且末县、塔什库尔干县、叶城县、若羌县、莎车县及青海所产的软玉（昆仑玉）都与基性岩和超基性岩有关，也就是广义和田玉。

第二章
新疆和田地区和田玉矿体
特点与资源量

中国新疆和田地区即中国历史上的古于阗国，所辖皮山县、民丰县、和田县、于田县、策勒县、墨玉县、洛浦县及和田市七县一市。和田地区土地总面积247800平方千米，其中山地占总土地面积33.3%，沙漠戈壁占总土地面积63%，绿洲占总土地面积3.7%。和田地区以出产和田玉闻名于世，是著名的玉石之乡。

新疆和田地区所产出的玉是迄今为止全世界发现的唯一一种非蛇纹岩类双接触交代作用形成的多种矿物集合体透闪石玉。作为一种单一的不可再生矿物资源，它被人们至少连续采挖了5000年。现今发现采掘过的玉石矿坑数量极少，矿体规模基本都不大，宽度多在1米以内，长度基本在几米到几十米，延伸的深度也不大。这种矿体特点与和田地区的和田玉矿床地质构造背景和玉的成因有着密切的联系。从和田玉矿体特点上可以看出，和田地区的玉石资源在和田地区所有矿物资源总量中所占有的份额是微乎其微的，而在这规模小且数量极少的玉矿采掘的玉石原料中，有一部分原料可以成器，还有相当一部分原料是不能成器的废料。由此可见，将中国新疆和田地区所产出的和田玉定性为世界不可再生性珍稀矿物资源是科学的、准确的。

新疆和田地区的先民和现代人一般情况下以平原采挖和田玉次生矿（籽玉）为主。和田河流域面积 14500 平方千米，按 5000 年采玉时长计算，平均每年最大限度采玉面积是 2.9 平方千米，即 2900000 平方米，可以计算出每天可采玉最大平均面积不超过 7945 平方米，如果按 5000 年采玉史计算，采玉人数按最低的平均每天 300 人计算，平均每人每天在河道中采玉面积不超过 26.5 平方米。20 世纪末期，挖玉大军如潮水般涌入和田，用现代机械和人工相结合，对出籽玉的和田河河床进行破坏性疯狂的连续采挖，筛选籽玉，一度导致河床遭到近乎毁灭性的破坏。至今和田河河床已经被反复翻挖、筛选了数千遍。当年投资包河段挖玉的商人绝大多数没有挖到籽玉，只有极个别投资挖玉的商人挖到了极少的籽玉。

和田玉是一种不可再生矿物，其次生矿和田玉籽玉在河道中形成需要至少数百万年甚至更长时间，不可能在短期内形成。而古河道早已被古代先民采挖过。那么和田玉市场上每年出现的所谓和田玉新籽玉是从何而来的？

1. 极少的蛇纹岩类透闪石籽玉，如俄罗斯籽玉，中国新疆叶尔羌河等河道出的籽玉和辽宁河漠籽玉。

2. 绝大多数蛇纹岩类透闪石玉机械滚籽，人工上色。

　　和田地区所产的和田玉中的青玉数量最大，青白玉和糖白玉次之，碧玉又次之，白玉更次之，墨玉比白玉的数量还要少。中国元代色目诗人马祖常曾赋诗："波斯老贾度流沙，夜听驼铃识路赊。采玉河边青石子，收来东国易桑麻。"可见早在元代，和田先民们也只能在河道中采挖到一些青玉籽玉易货，白玉罕见。资源量稀缺，开采时间过长，加之现代机械及人工破坏性狂采滥挖，是导致现在很难买到中国新疆和田地区所产出的非蛇纹岩类透闪石软玉（狭义和田玉）原料的主要原因。大家可以思考一下，中国历史上清代的狭义和田玉资源一定比现在多，清朝皇帝乾隆一生痴迷于狭义和田玉，但为什么不用狭义和田玉雕龙椅、华表或那对狮子呢？皇宫大院的曲槛回廊为什么不用狭义和田玉制作？皇宫大院的鱼池里为什么不用狭义和田玉红皮白肉或洒金皮籽玉铺底？原因只有一个，狭义和田玉资源极其稀缺。如果现在还有狭义和田玉可卖，狭义和田玉产地的玉商就不会舍近求远从广东揭阳、江苏苏州、河南南阳及辽宁、青海大批量购买广义和田玉及广义和田玉滚筒籽运到和田销售，更不会大批量从韩国、俄罗斯、加拿大、沙特等国进口广义和田玉。目前和田玉市场上售卖的所谓狭义和田玉籽玉，基本上都过不了正规珠宝玉石检测机构的检测鉴定，而和田玉消费者却还在追求狭义和田玉白玉籽玉。事实上，现在和田玉消费者能够买到一件品相相对好一点的狭义和田玉青白玉籽玉就已经算是幸运了。要购买狭义和田玉次生矿籽玉，一定要到正规珠宝玉石检测机构进行实物送样鉴定，这是和田玉消费者务必要牢记的狭义和田玉籽玉交易原则。

第三章
新疆和田玉文化

　　曾入选中国国石候选名单的新疆和田玉承载着亿万年地球中国区域变迁的历史，是数千年中国历史文明鸿篇中的一页。中华民族先祖曾赋予中国新疆和田玉五德、九德、十一德君子象征意义，给予它纳天地日月精华、趋吉避凶祥瑞之物的神圣赞叹，将其当成祭祀神明、与上天沟通的法器，高置于神坛供奉膜拜。

　　在漫长的中国历史文明进化过程中，新疆和田玉曾被封建帝王们纳为皇权御用独享之物，为王公贵族们追崇有加，被人们视为是集地位、尊贵、财富于一身的标签。中医称赞和田玉，"人养玉三年，玉养人一世"，对人体有保健功效且对人所患某些疾病有治疗的效果。中国明代医圣李时珍在其所著医典《本草纲目》中有详述。《荀子·劝学》曰：玉在山而草木润，渊生珠而崖不枯。认为玉能带来水气滋润草木。《大戴礼》曰：玉居山而木润，渊生珠而岸不枯。珠者，阴之阳也，故胜火；玉者，阳之阴也，故胜水。也就是说自然界中的玉可以调整阴阳，会给生物的成长带来生机。山朝阳的一面为阳，所谓阳中之阴是指给山的阳面带来水气。玉的这一功能对人体也是适用的。现代科学研究发现，中国新疆和田地区产出的透闪石软玉含有硒、锌、镍、钴、锰、钙等 30 多种对人体有益的微量元素，这些元素散发的启动波和人体细胞启动波是同一种波动状态，人体细胞可与从玉散发出的波动产生共鸣和共振，使人体细胞组织更具有活力，促进血液循环，增强新陈代谢及排除体内废物的能力。

新疆和田玉一直伴随着中华文明成长与前行，是中华文明史不可分割的一部分。新疆和田玉文化是中国历史文化中最具代表性的贵族文化。中国上古先民们对和田玉崇高神圣的认同在商周时期得到了进一步发展完善，这一时期对和田玉的使用也有了严格的规定。和田玉被分为礼仪用玉、实用用玉、装饰用玉、丧葬用玉等不同用途。西周时期，在重要的祭祀和各种礼仪活动中是一定要使用新疆和田玉的，诸侯入朝觐见天子时也一定要使用新疆和田玉"玉圭"，天子会用自己的瑁圭覆盖诸侯带来的玉圭，以此来验证诸侯的身份。瑁圭是专属于周天子的玉器，它具有固定的尺寸和形状，凡是天子亲自封赏的诸侯所持有的玉圭都能够与瑁圭所契合，这样的做法不仅可以鉴别诸侯身份，更重要的是用瑁圭覆盖诸侯所持的和田玉圭，象征着天子至高无上的统治地位。天子的统治覆盖天下，各路诸侯都要毫无保留地服从天子领导，不能有丝毫不忠之心。西周时期，新疆和田玉是王公大臣们生活中必不可少的，贵族们以拥有新疆和田玉为荣耀。毫无疑问，新疆和田玉文化作为中国贵族文化在西周时期得到了定型和固化。殷商时期，新疆和田玉就已经被道德化、宗教化、政治化、财富化。新疆和田玉成为道德、知识、涵养、权力、地位和财富的标签。在宗教方面，用新疆和田玉制作的礼仪、祭祀之器，被当成世间俗人与神灵、祖先沟通的法器。在政治方面，严格规定了从天子到各级诸侯使用和田玉的要求，《周礼》中记载，"以玉作六瑞，以等邦国：王执镇圭，公执桓圭，侯执信圭，伯执躬圭，子执谷璧，男执蒲璧"。

在中华文明史中，儒、释、道并驾齐驱。道教以新疆和田玉为灵物，视为神药，葛洪《抱朴子·仙药篇》中说："玉亦仙药，但难得耳。"《玉经》曰："服玉者寿如玉也。"

记载新疆和田玉的古籍有很多，如《山海经》《礼记》《说文解字》《尚书》《尔雅》《吕氏春秋》《管子》《九章》《史记·大宛列传》《汉书·西域传》《海内十洲记》《旧唐书·西域记》《明史·西域传》《本草纲目》《旧五代史·回鹘传》《册府元龟》《宋史·于阗传》《宋会要辑稿·蕃夷四》《游宦纪闻》《契丹国志》《天工开物》《石雅》等。中国不同历史时期新疆和田玉实物也有很多，如石器时代罗布泊和田玉斧，商代和田玉鹰攫人首佩，周代和田玉夔龙纹璜，春秋战国和田玉蟠夔佩、和田玉勾连云纹灯、和田玉璧、和田玉圭、和田玉玦、和田玉璜、和田玉管、和田玉珠，汉代和田玉金缕玉衣、和田玉高足玉杯、和田玉戈，魏晋南北朝的和田玉云虎纹玉璜、和田玉朱雀纹玉珩，三国时期和田玉猪形玉握，隋代和田玉兔、和田玉金扣玉环，唐代和田玉八瓣花形标、和田玉飞天，宋代和田玉五禽图、和田玉龙柄魁，元代和田玉寿字壶、和田玉双虎玉环，清代和田玉大禹治水图、和田玉玉九龙、和田玉桐荫仕女图等。从众多历史时期古籍对新疆和田玉的记载和不同历史时期新疆和田玉实物来看，新疆和田玉始终贯穿着中华文明的发展史。

第四章
新疆和田玉收藏

1. 新疆和田地区所产出的非蛇纹岩类透闪石软玉是全世界独一无二的，具有全世界唯一性。

2. 中国新疆和田玉采挖时长是全世界对单一品种矿物采挖时间最长的，在全世界采矿历史中具有唯一性。

3. 新疆和田地区产出的非蛇纹岩类透闪石玉从古至今都被中国社会看作是集天地日月精华与道德、知识、涵养、权力、地位、尊贵、财富于一身的标签，具有全世界唯一性。

4. 新疆和田地区产出的非蛇纹岩类透闪石玉将一个民族的历史文明与崇高的人类道德以寄托于具体物质的方式展示出象征意义，具有世界人类历史文明展示方式的唯一性。

物以稀为贵是一种公认的价值规律。中国新疆和田地区所产出的狭义和田玉集全世界四个唯一性于一身，其自身价值不断升值，所以说中国新疆和田地区所产出的狭义和田玉具有真正的收藏价值。

收藏是人类艺术与商业行为的最高境界，是社会经济活动的金字塔尖。很多人对于收藏的认识是模糊的，收藏的原则核心是物以稀为贵。要收藏不可再生而且无法从根本上全方位复制的物品。如品相优秀的纯天然南非钻石、哥伦比亚祖母绿、斯里兰卡蓝宝石、缅甸鸽血红宝石、翡翠（钠铝辉石）、中国新疆和田地区所产出的狭义和田玉、中国福建田黄石、中国浙江昌化鸡血石等。当然还有名家字画，民国之前的官窑瓷器，玉器，明宣德铜香炉等。通俗讲，收藏一定要收藏资源量极少或接近枯竭的世人通认有价物。当然整体品质优秀的蛇纹岩类透闪石玉和钠铬辉石类翡翠也是具有一定收藏价值的。但蛇纹岩类透闪石玉因为其资源量较大所以升值空间具有不确定性，可以再生的物品升值空间有限。投资资源量大的非消耗品是挥霍财富。人类的财富都是凭借自身的创造和积累而来的。如果不能得到积累和保护，那么这样的财富是有限且不会长久的；只有不断积累和保护并且可以长期升值，才是长久的财富。所以，理性的收藏是人类社会商业经济活动中一种能让财富得到长期性升值的方法。

收藏是保护传承历史和文化的一种手段。诸多的事实证明收藏产生的历史、文化与财富的价值是巨大的。

收藏的文化价值与经济价值核心是"物以稀为贵"，就像 1999 年 4 月在香港的苏富比举办的中国文物、艺术品拍卖会上，一件品相完好，存世量极少的中国明代成化斗彩鸡缸杯，拍出了 2917 万港元的天价，成为当时中国古代瓷器在拍卖市场上的成交最高纪录。2014 年 4 月 8 日，该明成化斗彩鸡缸杯再次在香港苏富比春拍上以 2.8124 亿港元的成交价刷新该纪录。在普通人看来，一只高 3.4 厘米，口径 8.3 厘米，足径 4.3 厘米的瓷酒杯，论瓷质、釉质、图案艺术等工艺都无法与景德镇现代瓷器工艺整体相比，竟然能卖出如此高价是不可思议的，但事实上这个成交价离这只鸡缸杯的最高价还差得很远。这便是收藏世人公认有价珍稀物的魅力。对于收藏而言，只要收藏的是世人公认有价珍稀物，确保其为真品，整体品相好，那么不断增值就是必然的。

收藏是一个专业性很强的行业，收藏业中能精通某类藏品专业知识和具备丰富收藏经验的收藏者是很少的。那么如何从事收藏呢？收藏者可以选择整体品相透明度较高的有价珍稀物收藏。如新疆和田地区所产出的非蛇纹岩类透闪石玉（狭义和田玉）次生矿籽玉。现在的和田玉市场上基本上都是广义和田玉。收藏者最为担忧的是花了买狭义和田玉的钱购买到的却是广义和田玉。而且有的玉石检测机构出具的鉴定证书不标注产地，也不标注非蛇纹岩类透闪石玉或与基性岩和超基性岩有关的透闪石玉，将非蛇纹岩类透闪石玉和与基性岩和超基性岩有关的透闪石玉统称和田玉。其实这是一个很容易解决的问题，和田玉收藏者可以选择收藏籽玉。很多正规的玉石检测机构都可以检测和田玉籽玉真伪，并出具鉴定证书。只要正规检测机构出具的鉴定结果是籽玉，皮色为自然形成，收藏者就可以完全放心收藏。至于和田玉市上会有极少的与基性岩和超基性岩有关的透闪石玉（广义和田玉）天然籽玉也不是难题。因为新疆和田地区和田河中产出的籽玉（狭义和田玉）与新疆喀什叶尔羌河籽玉、辽宁河磨玉、俄罗斯所产出的籽玉（广义和田玉）的形状与表层特征区别较为明显，从外观上就可以肉眼辨别。狭义和田玉籽玉基本都是卵石状，而广义和田玉河床料基本都是山流水形状。用强光手电照射狭义和田玉时，尤其是白玉，基本都会出现半透明或微透明现象。

狭义和田玉，尤其是白玉，在自然光下会呈现出或少或多的温润观感。僵性严重的狭义和田玉则完全没有温润感，用强光手电照射，不会出现半透明或微透明现象。狭义和田玉籽玉受河道里有机或无机伴生物的浸染，皮色通常会呈现外重内浅，色散边际自然，不规则，无序且色染层较薄的肉眼观感。在厚度相同时，广义和田玉被强光手电照射时的透光度远高于狭义和田玉，俗称"能过灯"。玉质结构紧致（俗称玉质细腻）的广义和田玉白玉呈现的是瓷质玻璃光折射效应。和田玉收藏者一定要严格区分温润（俗称油性）与瓷质玻璃光折射效应。温润与瓷质玻璃光折射效应是不同的，是两个概念，不能混淆。狭义和田玉的温润度是决定其价值高低的核心。广义和田玉的玉质细腻度（瓷质玻璃光折射效应）是决定其价值高低的核心。广义和田玉籽玉色染范围较大且具有色重、色层较厚的肉眼观感。收藏和田玉应该尽可能收藏和田玉籽玉成品，因为和田玉籽玉成品的温润度与玉质是透明的，不存在任何品相隐性风险。而在河道里受伴生有机或无机物浸染面积较大的和田玉籽玉原料与和田玉籽玉成品相比较，在河道里受伴生有机或无机物浸染面积较大的和田玉籽玉原料会有内在玉质赌性风险。

目前，在所有类别的收藏品中，新疆和田地区所产出的非蛇纹岩类透闪石玉及次生矿山流水玉、籽玉、戈壁玉是最具收藏价值的。其中的籽玉成品和籽玉原料借助正规玉石检测机构鉴定真伪，可以证明是狭义和田玉还是广义和田玉，完全能排除收藏和田玉失误的风险，即便是不懂得和田玉专业知识的收藏者也可以毫无顾虑地放心收藏。

新疆和田地区所产出的狭义和田玉中的白玉、青白玉、青玉是全世界品质最好、价值最高的透闪石玉。新疆和田地区所产出的墨玉、碧玉籽玉也是全世界墨玉、碧玉里面最好的，其价值是全世界收藏界公认的。以新疆和田地区所产出的碧玉籽玉来说，不仅资源极少，而且柔润爽滑，绿得不抢眼，艳得不妖娆，品相端庄沉稳。上手触摸和把玩的功效是其他任何一种碧玉不能企及的。非专业人士普遍认为碧玉中的黑色斑点是瑕疵，其实碧玉中的黑色斑点是铬尖晶石，铬尖晶石是碧玉的基本特征。铬铁矿也是碧玉成玉主要物质来源的一种标志，因此碧玉里面的黑色斑点不属于瑕疵。

狭义和田玉与广义和田玉审美的区别是狭义和田玉以精光内敛透出的温润为美。是一种柔和、沉稳、端庄、大气的美。广义和田玉是以瓷质玻璃光折射效应越强，颜色越是耀眼越好，是一种妖艳夺目、张扬、奔放的美。在收藏狭义和田玉籽玉原石和籽玉成品玉器时，籽玉的温润度和玉质是主体价值，籽玉成品玉器的雕工仅仅是对籽玉的化妆而已，是籽玉玉器很有限的附加价值。收藏狭义和田玉籽玉玉器应该首选大、中、小摆件，其次是手把件和挂件。手镯因为圈径对不同人的腕径具有选择局限性，所以不建议收藏。

现在的网络社会各类信息透明度很高，在收购藏品时不能抱有丝毫的捡漏心态。任何人都必须要理性看待市场商品交易的实质。在收购藏品时一定要把握住藏品必须要真，品质一定要好的原则。只注重价格而忽略藏品真伪和藏品质量的收藏是浪费财富。

第五章
新疆和田玉收藏价值

　　新疆和田地区所产的非蛇纹岩类双接触交代作用形成的多种矿物集合体透闪石玉，集全世界四个"唯一"性于一身和类似"硬通货"性质，决定了它位于全世界玉类收藏和玉类经济价值金字塔尖，其增值率与年代前行成正比。但它的市场极其狭小，不是大众消费群体所能收藏和消费得起的。

　　藏品是财富的浓缩，其价值增长都与年代前行成正比。世界上几乎所有非贵即富者都会不同程度收藏一定数量的不同藏品。藏品的功效有三种：（1）满足个人精神层面需求。（2）在企业、家族遇到经济危机时用于变现解困。现实中不乏其例，国内外个别知名企业等有在资金链断裂情况下靠拍卖藏品获得资金度过了危机。（3）好的藏品等同硬通货，与流通货币相比，它具有跨越历史、国界、地区、种族、宗教的通行作用。流通货币仅仅是作为特定历史时期社会经济体中的交易媒介，是度量商品价格的工具。这种社会经济体中的交易媒介，度量商品价格工具只是不同历史时期和不同阶段的特有产物，不具备跨越不同历史阶段流通作用。像中国历史上的秦、汉、唐、宋、元、明、清不同历史时期流通货币乃至民国时期的金圆券，现在都已经不能再作为流通货币使用了。

各类藏品的真伪辨别中，字画的难度系数是最大的，其次是古玉器、古瓷器，再次是古青铜、铜器。像现代珊瑚、琥珀、珍珠等有机类珠宝，无机类矿物的宝玉石运用现代技术检测真伪质量，则是很容易的一件事。在藏品保存难度上，字画保存的难度最大，其次是瓷器、陶器，再次是青铜器、铜器，又其次是各类有机类珠宝，最易保存的是无机类宝石、玉器。

新疆和田地区所产的非蛇纹岩类双接触交代作用形成的多种矿物集合体透闪石玉，在等量且整体品相相当的情况下白玉价值最高，墨玉次之，青白玉又次之，碧玉又再次之，青玉价格最低。无论是狭义和田古玉还是现代狭义和田玉，离开了历史文化与宗教文化，充其量只是具有单一的纯物质美学意义与物质质量、体积、重量和物以稀为贵的价值。就像以2.8亿港元拍卖成交的明成化斗彩鸡缸杯，离开了历史文化，它就是一只普通的瓷酒杯。如果狭义和田玉爱好者能够深刻领悟到这一收藏的关键要点，那么就完全可以理解清代乾隆为什么会痴迷于狭义和田玉。

改革开放以后，资源极其稀缺的新疆和田地区所产的非蛇纹岩类透闪石玉也进入了商品市场交易，但交易所体现的仅仅是与各类宝石、翡翠一样的稀有矿物美学意义和质量、体积、重量价值。甚至连与各类宝石、翡翠相比资源更加稀缺的价值都没有体现出来，人们根本没有认识到狭义和田玉的真正核心价值。新疆和田地区所产出的非蛇纹岩类透闪石玉具有全世界四个"唯一"性。这在全世界所有的收藏品、奇珍异宝、矿物中是独一无二的。现在的拍卖公司不拍现代狭义和田玉，是因为对狭义和田玉历史文化与宗教文化认知仍然停留在局限于某一历史时期的独立价值习惯性度量，没有认识到现代狭义和田玉具有四个"唯一"性的属性。狭义和田玉最重要、最大的价值是具有全世界四个"唯一"性。它的整体价值是由最大价值部分，具有全世界四个"唯一"性和少量纯物质美学意义及物质质量、体积、重量价值组合构成的。这个价值才是对中国古人所说的"黄金有价玉无价，传玉不传金"的正确诠释。

全世界通认有价收藏品分为两大类：第一类是有机类和无机类珠宝玉石等奇珍异宝类。这类收藏品的纯物质美学意义和物以稀为贵是它的全部价值。第二类是具有历史文化与宗教文化意义的收藏品。这类收藏品具有的历史文化与宗教文化意义是它的最大价值。这类藏品的整体价值是由历史文化与宗教文化价值和收藏品单纯物质价值组合构成。从整体上第二类藏品的价值远大于第一类藏品。新疆和田地区所产出的非蛇纹岩类透闪石玉同时具备两大类收藏品的价值，是当之无愧的全世界收藏品金字塔尖的明珠。但是很可惜，这种全世界最值得收藏的、价值最高的藏品原料资源却几近枯竭了。

第六章
新疆和田玉类别与成因

　　新疆和田地区所产的和田玉有白玉、青白玉、青玉、碧玉、墨玉、糖白玉、青花玉。其中青玉、青白玉颜色是玉中含有共生阳起石所致，碧玉是玉中含有共生三氧化二铁、氧化镍和某些铜离子所致，糖白玉是玉中含有共生氧化铁、锰质所致，墨玉是玉中含有共生石墨所致。各类玉的颜色重浅取决于玉内共生成色矿物元素多少。

　　新疆和田地区的和田玉（狭义和田玉）次生矿物有山流水玉、籽玉、戈壁玉。其中因地壳动动使部分岩体松动或受风化等诸多因素影响，导致玉石从岩体剥离滚落到不同高度的山坡段或山底，尚未落入河床的玉经过至少百万年山洪、砂石冲刷，风吹雨淋，矿物反复碰撞，多次分化使其原始表层和锋利棱角变得圆滑，称为山流水玉。一些山流水玉在和草木等有机物与无机物矿物长期伴生过程中受到染浸也会产生不同外皮颜色。就山流水玉年代而言，应该与河床里的籽玉是同一时期，甚至更早于籽玉。因为当玉从山体剥离滚落时，一部分留在了不同高度的山坡段，一部分直接滚落到了河床里，山底的山流水玉则是经过山洪暴发、泥石流等原因被二次搬运进了河床，最终形成籽玉。籽玉是玉从山体剥离滚落到不同高度山坡段经山洪暴发、泥石流等作用二次搬运进入河床或者玉从山体剥离直接滚落进入河床后，经过至少百万年被激流带动在河床里翻滚运动或与其他矿物互相碰撞，被水流砂砾冲刷（砂砾是细小矿物其中不乏硬度大于和田玉的砂砾），最终形成了卵石状和田玉籽玉及籽玉汗毛孔。籽玉的各类不同外在皮色是因为玉在河床里长期和苔、藻、草、木、动物腐尸等有机物或铜、铁等无机物伴生受浸染所致。目前通过正规检测机构可以鉴定出真假籽玉。

戈壁玉是玉在戈壁经过至少百万年暴风狂沙吹刷搬迁，再加上烈日烘晒、雨冲雪盖，多次分化形成的。

羊脂玉是中国新疆和田地区所产狭义和田玉中的极品。所谓羊脂玉是指温润度极高的和田玉。羊脂玉与和田玉的所谓目测细度并没有必然联系，我们从故宫清代和田玉器中，如乾隆四十八年册封八世达赖喇嘛强白嘉措赐予的和田玉器，便可以得到答案。羊脂玉是和田玉在成玉过程中其内在所含矿物成分含量和结构分布罕见地达到了一个极苛刻的特殊比例时的状态相。这种情况在和田玉成玉过程中所发生的概率是微乎其微的。羊脂白玉颜色有极白、高白、白、白微泛黄、白微泛青、白微泛灰六种，但极难遇见。羊脂玉是新疆和田玉中价值的金字塔尖。并非色白就是羊脂玉，再白的和田玉不具有温润度也只是白玉。真正的羊脂玉就像把动物脂肪放在锅里炼出的油凝固后的状相。不只白玉中极罕见的为羊脂玉，青白玉、青玉中极罕见的温润度极高的，也属于羊脂玉类。因此羊脂玉并非因色而定，是因温润度而定。需要重点提示的是，只有新疆和田地区产出的非蛇纹岩类双接触交代作用形成的多种矿物集合体透闪石玉中，才能产出极罕见的羊脂玉，真正的狭义和田玉顶级白玉羊脂玉目前克价应该是达到了 200 万元人民币。

由于非蛇纹岩类透闪玉与基性岩和超基性岩有关的透闪石玉是两类不同的透闪石玉，二者成因不同决定了与基性岩和超基性岩有关的透闪石玉生成不出真正意义上的羊脂玉。非蛇纹岩类双接触交代作用形成的多种矿物集合体透闪石玉的灵魂是温润（俗称油性）。与基性岩和超基性岩有关的透闪石玉的灵魂是瓷质玻璃光折射效应，俗称细度好。

新疆和田玉中还有一种比较特殊的籽玉称为石包玉。石包玉顾名思义是外层全部由石皮包裹的卵石状和田玉，完全不能通过现代检测技术检测出卵石内部是否有玉，必需切开卵石才能知道其内部是否有玉及玉质优劣。石包玉是和田玉籽玉中的赌石，通常情况下石包玉切开后内部基本都是石英或蛇纹石等。赌石包玉赢的概率连万分之一都达不到，如果能赌中一块切开后里面是玉且无杂质，那么玉的温润度都是相对较高的，市价不输羊脂玉。虽然如此，但还是不建议赌石。

第七章
新疆和田玉质量要求

首先要严格区分玉和宝石的质量要求，宝石的质量要求是不能有裂、绵等杂质，纯净度越高越好，色彩越艳丽越均匀越好。纯净是宝石的灵魂，色彩是宝石的生命。对于新疆和田玉的质量要求，从传统观念上人们追求的是无瑕之玉，玉中的僵、绵、石筋、裂和各种成玉矿物以外的非成玉矿物及次生矿籽玉，山流水玉皮色统称为瑕疵。从古至今，人们在选料时还都要先将籽玉外皮剥尽进行筛选后再决定弃用。但在实践中无瑕之玉也只是一个以成器率和成器相对完美为基准的相对值，这个问题从故宫博物院珍藏的古代皇室御用玉器中可以得到证实。

物质世界的万事万物都是相对的，不存在绝对。那么新疆和田玉也是一样，不可能有绝对的完美，人们肉眼观测到的完美更是相对的。新疆和田地区所产的非蛇纹岩类双接触交代作用形成的多种矿物集合体透闪石玉的成因决定了它的瑕疵比率远远大于与基性超基性岩相关的透闪石玉的瑕疵比率。

新疆和田地区产玉原料成器率，玉器完美度以及经济价值的核心是温润度和瑕疵的比例。玉的色差也应该是相对的。对新疆和田玉质量不能用宝石的质量要求衡量。严格讲新疆和田玉原料中瑕疵占有比率对成器影响不大或对玉器完美度有轻微影响并不影响其价值，因为新疆和田玉的灵魂是温润。

新疆和田地区所产出的非蛇纹岩类双接触交代作用形成的多种矿物集合体透闪石玉密度为 2.95—3.17（单位：g/cm^3），通常人们在欣赏和田玉时会把几块和田玉原料或几件和田玉玉器进行比对，评价某块玉料或某件玉器密度高低是没有科学依据的。同种物质密度不变，人们所谈论的密度在实践中其实指的是与密度不相干的两种情况：1. 玉体内部结构分布的细微差异，但对玉质本身是没有影响的。2. 玉体内部所含各类杂质较多，这对玉的质量影响是非常大的。如一块和田玉原料切开后，玉质颗粒感强或里面玉质就如同豆腐渣状，僵多、串僵、石筋、内裂易碎等。第二种情况在新疆和田地区所产的狭义和田玉中经常可以见到。这便是狭义和田玉成器率普遍低于广义和田玉的根本原因。

在狭义和田玉和广义和田玉中，人们有时候会发现某些玉料、玉器里有水线，和田玉市场广泛认为水线是和田玉的瑕疵，不受待见。中国青海产的与基性岩和超基性岩有关的透闪石玉（广义和田玉）中的水线相对要比其他产地产出的广义和田玉多。实际上和田玉中的所谓水线是透闪石结晶体，透闪石是构成和田玉的主要物质。所以无论狭义和田玉还是广义和田玉中的水线都不属于瑕疵。相反，水线越多的和田玉，证明其透闪石含量越高，玉质越好。绝大多数和田玉爱好者、玉商、玉雕工作者都普遍误认为水线属于和田玉的瑕疵，影响美观。甚至还有一部分人用观察水线的方式来区分判断和田玉产地，这些观点和方法是缺乏科学依据的。从经济价值上讲，如果能发现一块透闪石玉料中有多条水线排列方向一致，水线宽窄相当，水线之间间距尺寸相对匀称，那么这块玉料是罕见的，成器后的价值也将是极为昂贵的，完全是藏品级和田玉器。

简单来讲，对狭义和田玉来说，温润（俗称油性）是灵魂，玉质是生命。广义和田玉的灵魂，则是瓷质玻璃光折射效应，生命是玉质。

第八章
狭义和田玉与广义和田玉

　　狭义和田玉是新疆和田地区所产出的全世界独一无二的唯一非蛇纹岩类双接触交代作用形成的多种矿物集合体透闪石玉。它的成因、品种在全世界透闪石玉中居独特地位，具有典型意义，是全世界透闪石玉之冠。除新疆和田地区所产出的狭义和田玉以外，全世界的软玉矿床都是蛇纹岩型，属于与基性岩和超基性岩有关的透闪石玉，称为广义和田玉。

　　广义和田玉到目前为止在全世界共发现并开采的矿点多达120多处。除中国新疆外，还有青海、贵州罗甸、广西大化、台湾地区、辽宁河磨，以及俄罗斯、加拿大、韩国、新西兰、沙特、巴西、澳大利亚、波兰等地，其中新疆且末、莎车、塔什库尔干、若羌、叶城的玉矿与青海玉矿的矿床地质构造背景有着密切的联系，所产出的也是与基性岩和超基性岩有关的透闪石玉（俗称昆仑玉）。广义和田玉会产生极少的次生矿，如中国新疆叶尔羌河等河产出的透闪石玉籽玉，辽宁河磨玉，俄罗斯籽玉。广义和田玉有白玉、青白玉、青玉、碧玉、黄玉、墨玉、青花玉、翠玉等。狭义和田玉与广义和田玉是不同的两类透闪石玉。狭义和田玉是非蛇纹岩类透闪石玉，其成因是双接触交代作用。广义和田玉是与基性岩和超基性岩有关的透闪石玉。

对于和田玉的真伪辨识，和田玉爱好者应该理性、科学对待。世人没有谁是三百六十行行行精的，火眼金睛只是神话而已。和田玉是一种不可再生性矿产资源，属于地质学领域，地质学包括结晶矿物学、古生物学、矿产资源学、地史学、岩石学、构造地质学、矿床学、地球物理及勘探、地球化学等多个科目，是一门专业性很强的学科。要想清楚地完全了解和田玉，需要接受一系列地质学理论教育和学习，具备深厚扎实的地质学理论知识，积累丰富的实践经验。即便具备深厚扎实的地质学理论知识与丰富实践经验相结合，仅凭肉眼借助强光手电和普通放大镜对和田玉实物进行检测，也仅限于通过一些表象特征对和田玉真伪、玉体内在的品质优劣作出粗略的判断，这种判断的准确率是非常有限的。而只看照片不见实物鉴定和田玉真伪和玉质优劣则是根本没有准确性的。中国古人说，"神仙难断寸玉"，说的就是对玉的真伪和玉体内在的品质优劣作出判断是极其困难的一件事。古人的诚实、谦虚是值得这个时期的人们和后人学习的。

随着科学技术发展，现在已经可以通过专业实验和专业仪器检测技术准确鉴定出非透闪石类矿物与透闪石玉，和田玉玉商与和田玉爱好者群体中的绝大多数人都没有接受过地质学教育和学习。盲目轻信社会上以讹传讹没有科学依据的所谓实战经验，肯定会给自己造成损失。盲目的自信最终会付出代价，因此，建议玉商与和田玉爱好者还是要相信科学、尊重科学。选择正规玉石检测机构进行送样检测鉴定，这是唯一可靠有效的方法。

　　狭义和田玉与广义和田玉除了纯粹物质美学意义和资源量贫富的区别外，二者最根本的区别是狭义和田玉具有人类世界四个"唯一"性，这是狭义和田玉最大的价值，这个价值是远远大于狭义和田玉纯粹物质美学意义与物质质量、体积、重量的价值。而广义和田玉的价值仅限于其自身单一的纯粹物质美学意义与物质质量、体积、重量的价值。

第九章
新疆和田玉玉器雕刻工艺

中国历史传统对和田玉的审美推崇无瑕之玉和玉不琢不成器。由于玉矿的可成器原料极其稀缺，采玉工人往往需要到海拔 4000 米以上的雪线之上寻采。含氧量稀薄的空气加上险峻的山路和相对落后的安全保护技术，对采玉工人的生命几乎没有安全系数可言。中国古人对采山玉者的生命风险曾用"千人去百人还，百人去十人还"进行过生动形象的比喻。由于采山玉难度和风险太大，20 世纪 90 年代，一些玉雕厂不得不寻找河道中的和田玉次生矿籽玉替代山玉进行雕琢，当时玉雕厂在使用籽玉做原料雕琢和田玉器之前是一定要将籽玉外皮全部剥尽，仔细对玉的温润度和玉质认真观察后才决定用弃。这完全符合中国历史传承的新疆和田玉审美观。温润和相对好的玉质即是美，符合世人审美的共识。从中国历史传统的新疆和田玉审美观来说，和田玉次生矿籽玉的皮色是属于瑕疵，但现代人利用籽玉皮色进行巧雕也不失为是化腐朽为神奇。

现代人竭力追籽玉，皮色、巧雕成了这个时期的时尚和潮流。盲目追求雕刻工艺，追求雕玉技师的名气，将雕刻工艺和雕玉技师名气当成商业卖点过度炒作，以致出现了和田玉雕刻工艺价值超出了和田玉本身的价值。和田玉似乎等同于画师、书法家笔下的宣纸。对和田玉而言，附加值高于主体价值，原材料价值高于成品玉器价值的当代审美观和价值观完全颠覆了传统对和田玉正常理性的审美观和价值观。

和田玉的温润度是和田玉器的灵魂，玉质是和田玉器的生命，颜色是和田玉器的皮肤。和田玉雕刻工艺是对和田玉进行化妆，是和田玉器的附加值。和田玉器的整体价值是主体价值（和田玉自身具备的四个全世界"唯一"性，温润度，以及玉质，颜色）加附加值（和田玉雕刻工艺）。和田玉玉雕工艺都是建立在和田玉基础之上，每一段历史时期人们对和田玉雕刻题材的欣赏倾向及和田玉技师的雕刻风格都是不尽相同的。和田玉来自大海，在和田玉雕艺术的海洋中，我们不能说哪一滴海水最美或哪一滴海水不美。人类世界是一个艺术纷繁前行的世界。天、地、日、月、星、云、春、夏、秋、冬、风、霜、雪、雨、雹、露、电、彩虹、江、河、湖、海、沙漠、戈壁、高山、丘陵、胎生类、卵生类、湿生类……一草一木一花，一蝼一蚁皆是艺术，童趣亦是艺术。艺术本来各具特色并无可比性。如音乐的美声、民族、通俗唱法，戏剧的京剧、昆曲、豫剧、秦腔、黄梅戏等，都是艺术，都各具自己的艺术特点和风格，没有可比性。和田玉雕刻艺术有平雕、立体雕、浅浮雕、镂空雕等，其雕刻题材风格的粗犷、简单、细腻、繁杂都会因为不同历史时期和不同的和田玉雕刻技师而各具特色，因此也没有可比性。对艺术评价完全因为每个人不同的艺术欣赏倾向而异。

　　和田玉玉器雕刻艺术没有可比性就像中国神玉时代的红山、良渚、齐家、龙山、巴蜀的玉文化相互没有可比性。秦朝玉器雕刻师王孙寿和烈裔，五代玉器雕刻师颜规（苏州玉雕的始祖），隋朝玉器雕刻师万群与何通，宋代玉器雕刻师赵荣、林泉、崔宁、陈振民、董进等，明代玉器雕刻师贺四、李文甫、陆子冈、刘谂、王小溪等，清代玉器雕刻师朱永泰、姚宗仁、朱时云、芝亭、谢士枋等中国历史上各个时期的玉器雕刻师们相互之间没有可比性，他们的玉器雕刻作品也没有可比性。如果从雕刻工艺角度去理解价值，在等量前提下把一块狭义和田玉素牌与一块现代大师雕刻的广义和田玉玉牌进行价格对比；把一块广义和田玉素牌与一块现代大师雕刻的汉白玉牌进行价格对比，看哪一块玉牌价格高，是没有意义的。

　　随着科技的快速发展，现在的电脑、激光等智能玉雕技术已经实现了替代人工掏膛、圆雕等高难度雕刻，而且雕刻时间短，雕刻艺术完美度高，雕刻费用也低。

第十章
新疆和田玉市场价格

狭义的新疆和田地区所产出的非蛇纹岩类双接触交代作用形成的透闪石玉的温润度（俗称油性）、玉质、颜色差别和体积与重量大小分三六九等。与基性岩和超基性岩有关的广义和田玉的玉质结构紧致度、细腻度、瓷质玻璃光效应高低、颜色差别和体积与重量大小也分三六九等。通常情况下和田玉商购买和田玉原料时都尽最大可能挑优质料，但所谓的优质料价格都比较昂贵且带有赌性。如果和田玉玉商投入了1000万元购买的和田玉原料切开后只有10%可以成器，那么和田玉玉商会把1000万元购买和田玉原料的投资和门店租金，门店装修费用，水、电、暖费用，人工工资，税费，玉器加工费用等一系列成本摊入10%的和田玉成品里再加上利润，这就是和田玉消费者感觉和田玉价格昂贵的原因，这是所有和田玉玉商都会遇到的情况。比如消费者看到一块重量8000克的广义和田玉俄罗斯玉明料玉质紧致、细腻，白度高，售价100万元。绝大多数和田玉消费者无法理解这块玉的高价，事实上和田玉消费者应该考虑和田玉玉商投入了多少钱，买了多少和田玉原料才切出了一块高品质原料。还有一种同玉同质不同价的情况，即两位和田玉玉商出售的和田玉原料或玉器整体品相相当，体积、重量几乎等量，但售价有异。这是和田玉玉商所购买和田玉原料的资金投入量与和田玉原料切出的可成器原料出料差异率造成的。从根本上不管是狭义和田玉还是广义和田玉的市场价格高低都取决于和田玉原料资源量贫富和社会整体经济市场综合价格走向。

狭义和田玉因为自身所具有的全世界四个"唯一"性和资源极度稀缺，决定了它的市价与广义和田玉有天壤之别。如 2018 年北京尚品润博拍卖公司拍卖的狭义和田玉籽玉"一叶成佛"，重量 5.5 克，以 70 万元人民币（含佣金）成交。克价达到 127272 元人民币。狭义和田玉籽玉"天狗"，重量 10 克，以 1100 万元人民币拍卖成交，克价达到 110 万元人民币。很多人包括媒体报道都误将其成交价格归于其象形皮色，事实上能花昂贵价钱购买这两块狭义和田玉籽玉应该是十分了解和田玉的行家，既然是行家就肯定知道狭义和田玉籽玉的皮色并非是玉，仅仅是籽玉在河床里长期与有机物或无机物伴生受浸染而已。这两块玉的真正价值首先是新疆和田地区产出的非蛇纹岩类双接触交代作用形成的多种矿物集合体透闪石玉次生矿天然籽玉，具有一定温润度，玉质、色等整体品相都非常好，属于真正意义上的狭义和田玉；所谓的象形皮色只是比较奇特的附加值而已。事实上这两块让普通消费者看似天价的狭义和田玉籽玉拍卖成交价，也仅仅是体现了狭义和田玉籽玉单一的纯物质美学意义与物质质量、体积、重量价值，并没有真正完整体现这两块狭义和田玉籽玉的全部价值。狭义和田玉籽玉的真正价值是它自身所具有的全世界四个"唯一"性。狭义和田玉籽玉单一的纯物质美学意义与物质质量、体积、重量价值只是它整体价值中很少的一部分。狭义和田玉整体价值是由狭义和田玉的最主要、最大价值（具有的全世界四个"唯一"性）和纯物质美学意义与物质质量、体积、重量的有限价值相加构成。

　　从物以稀为贵的角度讲，狭义和田玉次生矿籽玉象形玉价值确实非常高，甚至有可能高于羊脂玉。但前提是（不包括糖玉，青花玉）100% 纯天然和田玉共生异色籽玉明显象形玉。而且这种狭义和田玉共生异色籽玉象形玉的温润度、玉质等级要比较高，体积和重量也能达到一定的理想程度。

　　关于新疆和田地区所产出的非蛇纹岩类透闪石玉变现，是社会广为关注的问题。真正的狭义和田玉合理性增值变现是很容易的。但有相当大的人群抱着捡漏心态以远低于狭义和田玉天然籽玉价钱购买了广义和田玉滚筒籽，想用广义和田玉滚筒籽变现出狭义和田玉天然籽玉的价值，最终砸在了自己手上。事实上真正有收藏意愿的消费者，对看中的狭义和田玉籽玉是一定会要求出让人一起到正规玉石检测机构送样鉴定真伪的。和田玉收藏者在收藏过程中需要注意的是花高价买到的未必是真狭义和田玉，但品相好的真狭义和田玉价格一定极为昂贵。因此狭义和田玉收藏者唯一应该信任的是正规的玉石检测鉴定机构。和田玉商也应该遵循商业道德，主动告知消费者所售和田玉的产地，做到童叟无欺，创造良好的和田玉市场商品交易氛围。

现时期狭义和田玉变现仍然仅限于纯物质美学意义和物质质量、体积、重量价值，多数人还没有认识到狭义和田玉具有的全世界四个"唯一"性才是它最大的价值。中国新疆和田地区所产的非蛇纹岩类透闪石软玉具有全世界四个"唯一"性，没有丝毫的牵强，是实实在在的事实。物质世界存在的事实一定会被物质世界的人类认识和接受。随着社会对中国新疆和田地区所产出的非蛇纹岩类双接触交代作用形成的多种矿物集合体透闪石玉文化的认识不断加深和中国新疆和田地区所产出的非蛇纹岩类双接触交代作用形成的多种矿物集合体透闪石玉的真正完整价值公之于世，世界必将从根本上对中国新疆和田玉的价值有一个全新的认识。

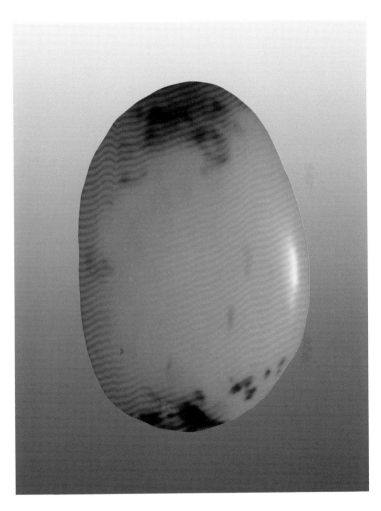

▲ 1 红皮白玉籽玉

▲ 2 黑皮白玉籽玉

▲　3　共生双色籽玉

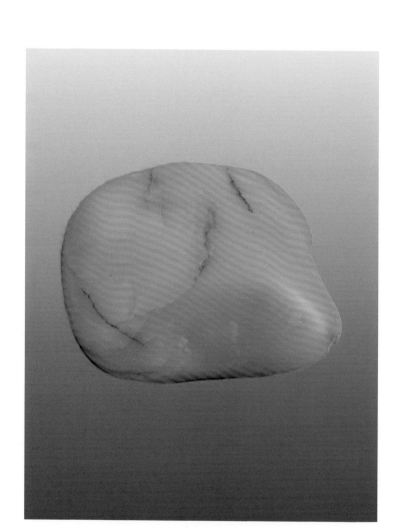

▲ 4 白皮白玉籽玉

▲ 5 碧玉籽玉

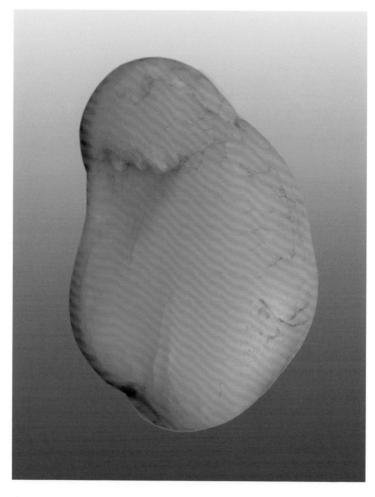

▲ 6 白玉籽玉

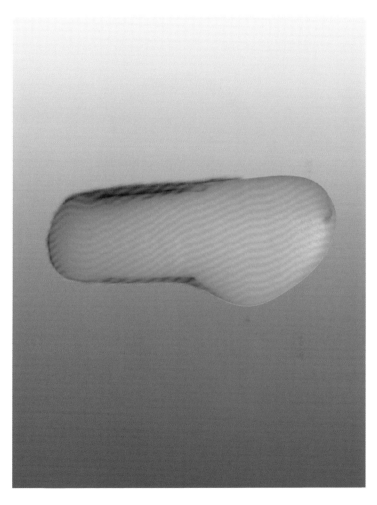

▲ 7 白玉籽玉

▲ 8 枣红皮白玉籽玉

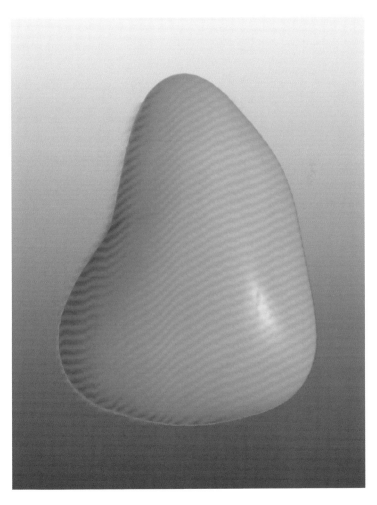

▲ 9 白玉籽玉

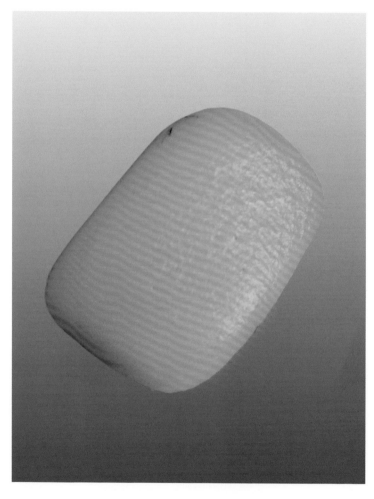

▲ 10 白玉戈壁玉

原石篇

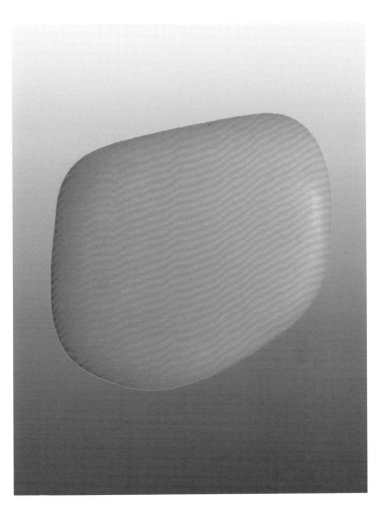

▲　11　白玉籽玉

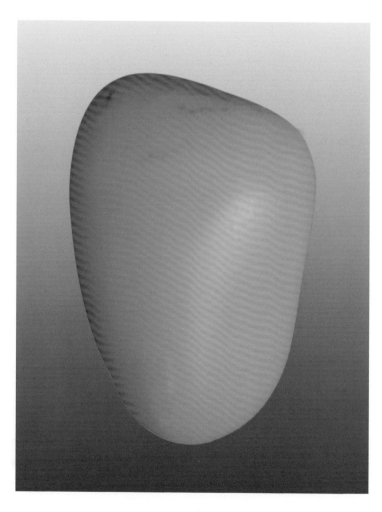

▲ 12 白玉籽玉

原
石
篇

▲　13　青玉籽玉

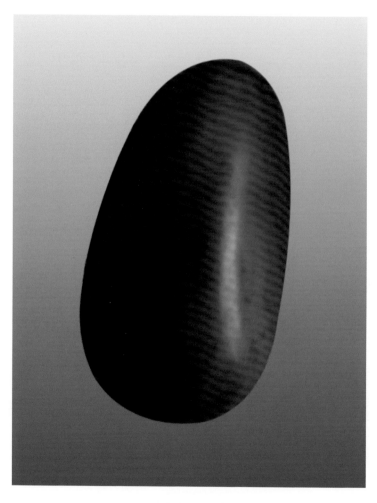

▲ 14 枣红皮青玉籽玉

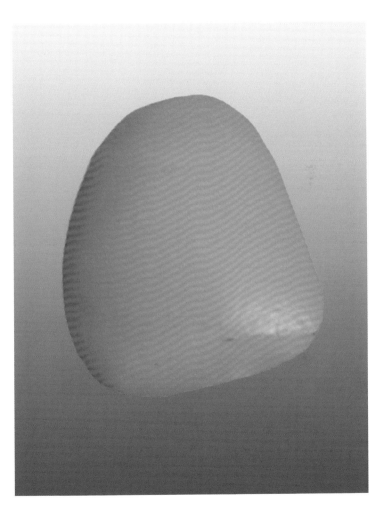

▲　15　白玉籽玉

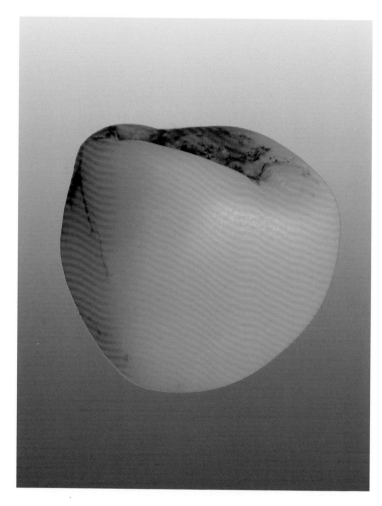

▲ 16 白玉籽玉

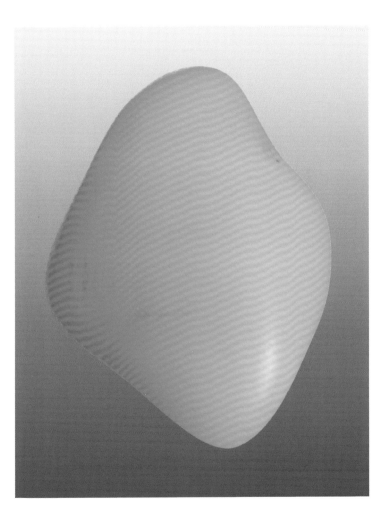

▲ 17　白玉籽玉

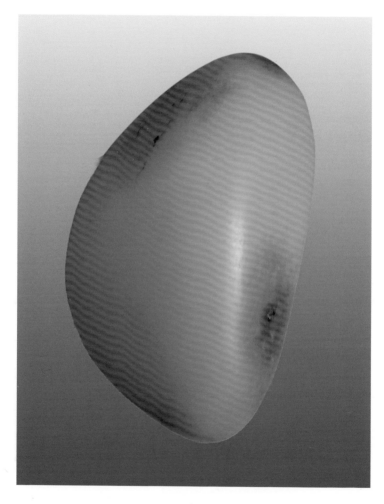

▲ 18 洒金皮白玉籽玉

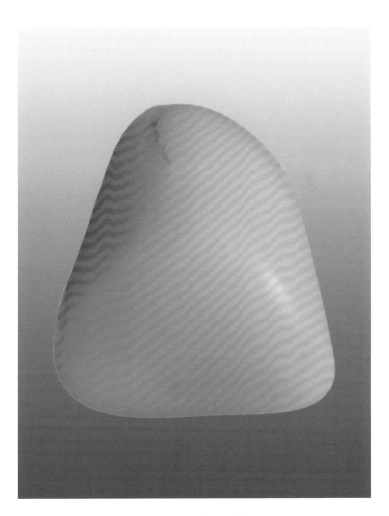

▲　19　白玉籽玉

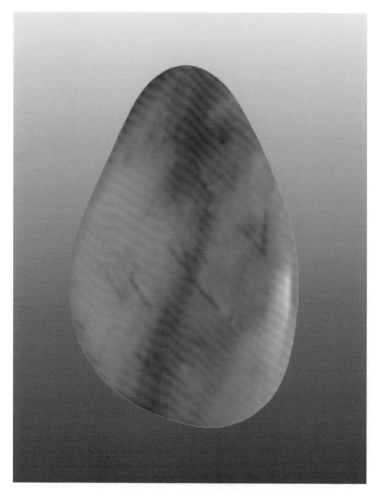

▲ 20 青花籽玉

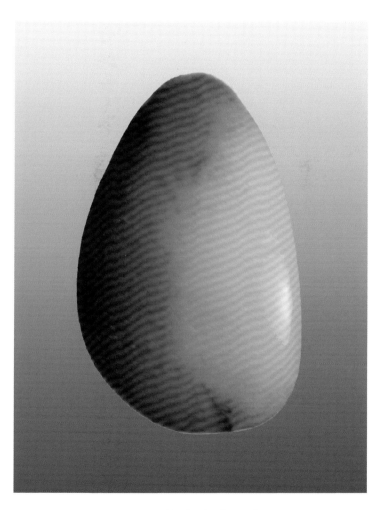

▲ 21 秋梨皮白玉籽玉

▲ 22 枣红皮青玉籽玉

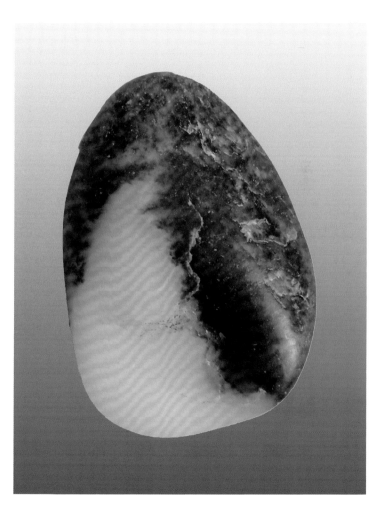

▲ 23 黑皮白玉籽玉

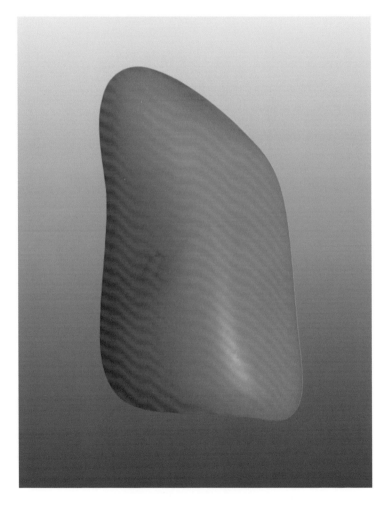

▲ 24 白玉籽玉

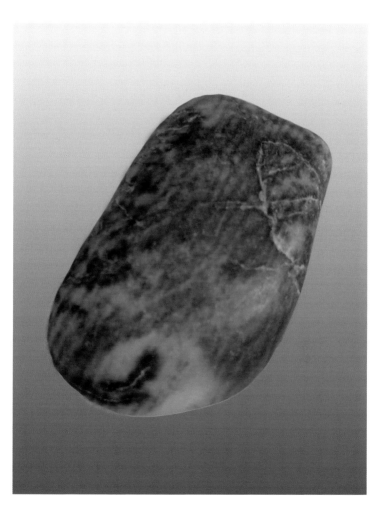

▲　25　黑皮白玉籽玉

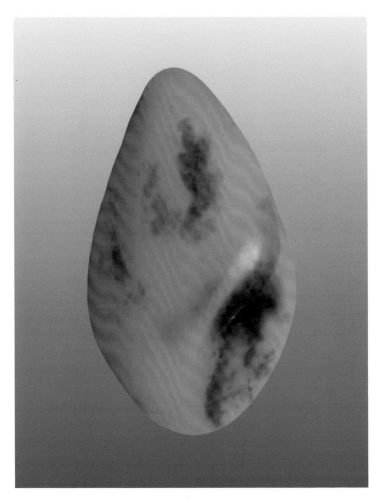

▲ 26 洒金皮白玉籽玉

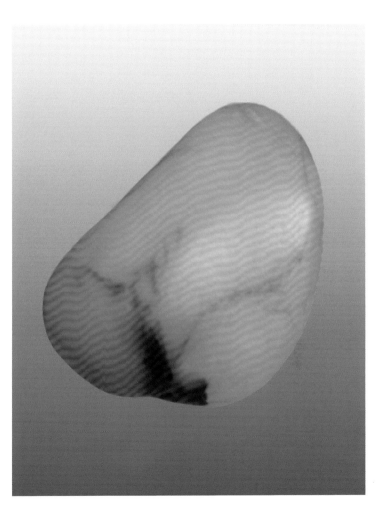

▲ 27 洒金皮白玉籽玉

▲ 1 白玉福禄寿喜

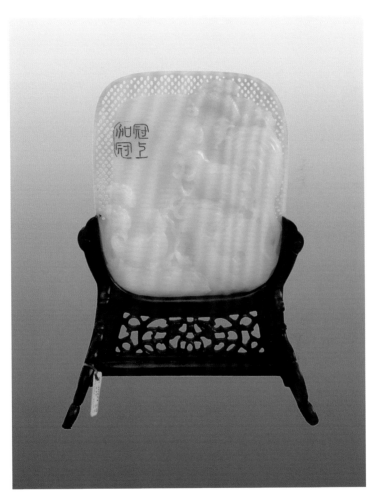

▲　2　白玉冠上加冠插屏

▲ 3 白玉代代数钱

▲ 4 墨玉举杯邀明月

▲ 5 白玉观音

▲ 6 墨玉老子出关

▲ 7 青白玉姜子牙降妖

摆件篇

▲ 8 白玉观音

▲ 9 白玉双娇

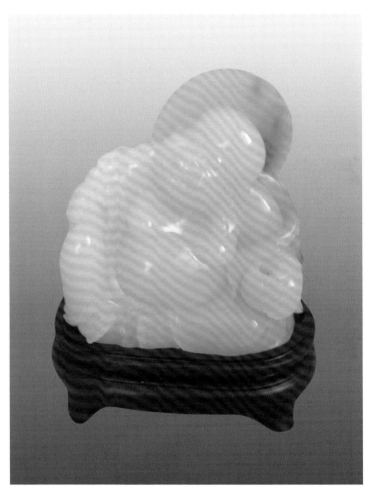

▲　10　白玉笑佛

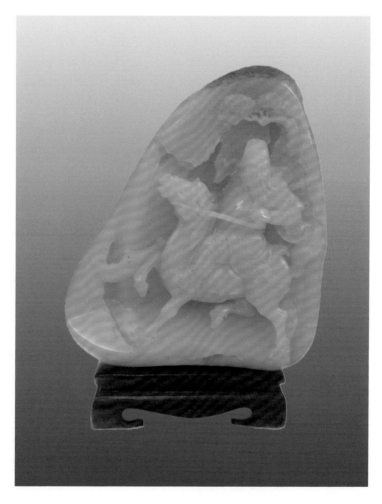

▲ 11 白玉关公出征

摆件篇

▲ 12 白玉老子出关

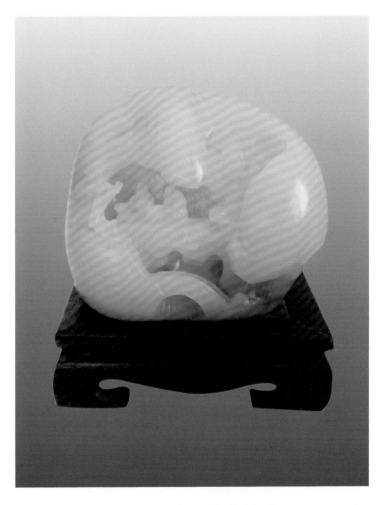

▲ 13 白玉仙翁论道

摆件篇

▲ 14 白玉问酒

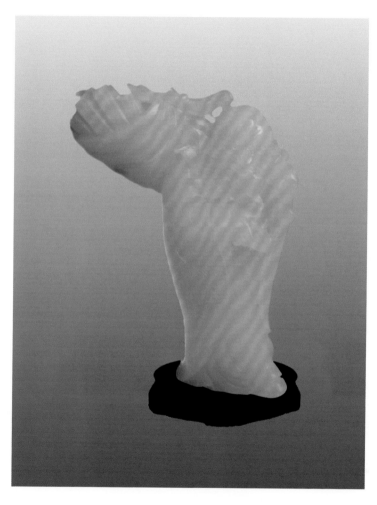

▲ 15 白玉达摩

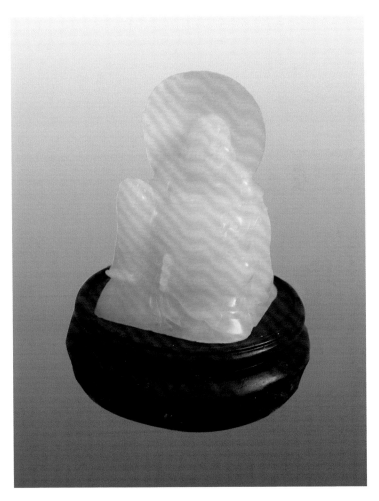

▲　16　白玉笑佛

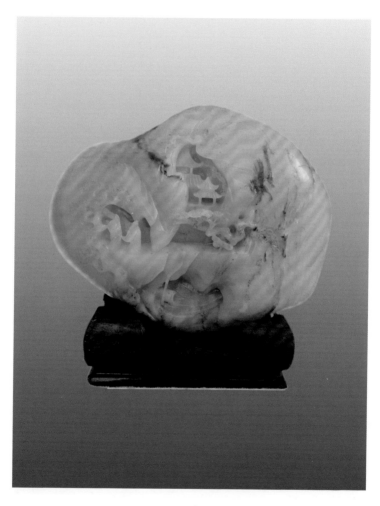

▲ 17 白玉仙缘

摆件篇

▲　18　白玉观音

▲ 19 青玉遥相呼应

摆件篇

▲　20　白玉竹林七贤

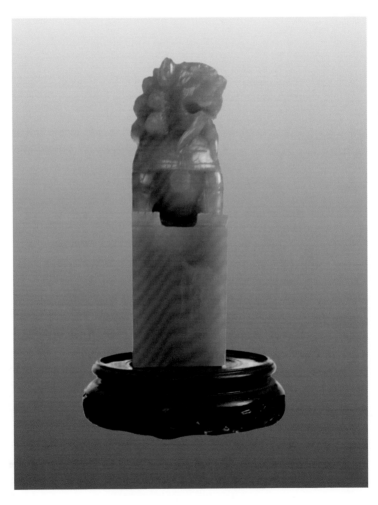

▲ 21 青玉兽首方

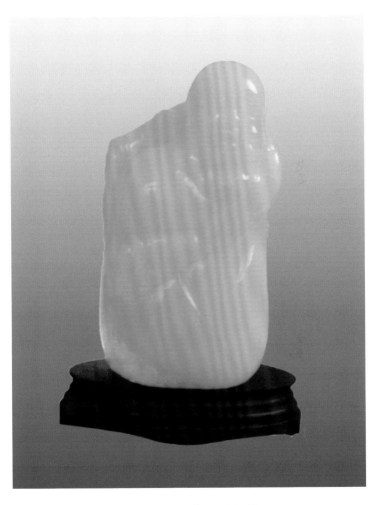

▲　22　白玉笑佛

▲ 23 白玉观音

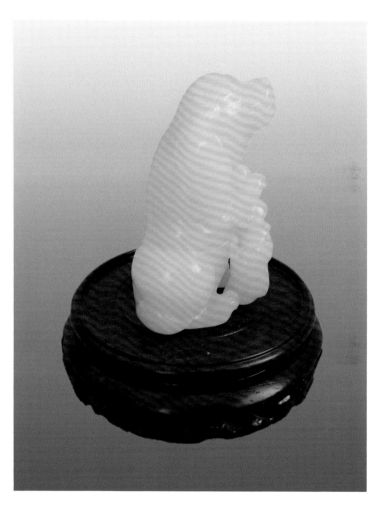

▲　24　白玉瑞兽

▲ 25 白玉罗汉

▲ 26 白玉马上封侯

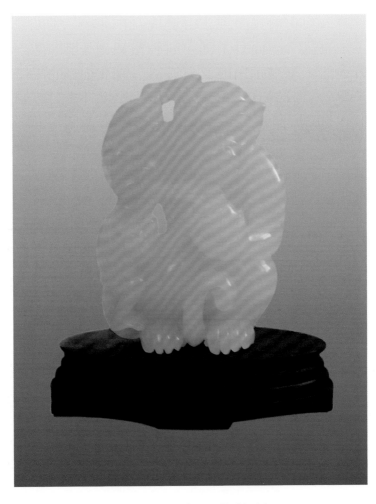

▲ 27 白玉猴抱桃

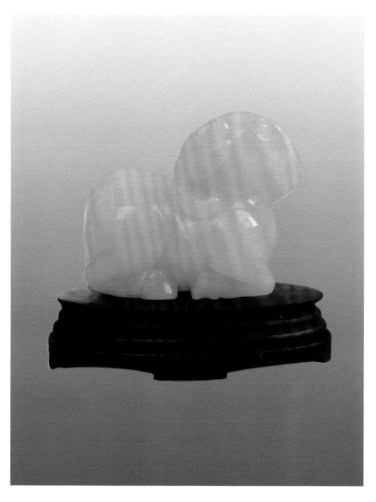

摆
件
篇

▲　28　白玉羊

▲ 29 白玉瑞兽吐钱

摆
件
篇

▲ 30 白玉瑞兽

▲ 31 白玉瑞兽吐钱

摆件篇

▲ 32 白玉马

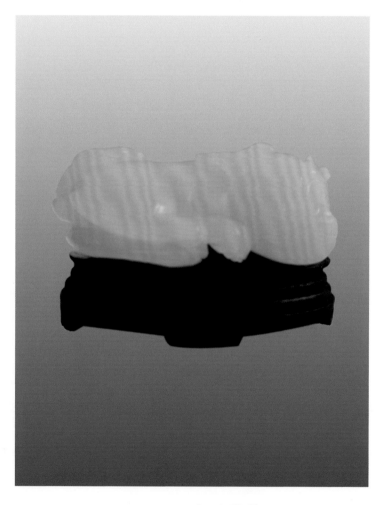

▲ 33 白玉瑞兽

▲ 34 白玉笑佛

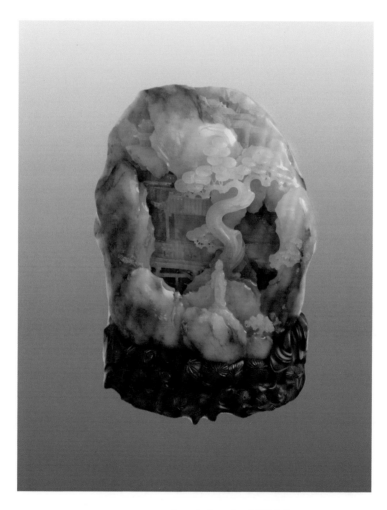

▲ 35 白玉山子乐逍遥

摆件篇

▲ 36 白玉观音

▲ 37 白玉观音

▲ 38 白玉笑佛

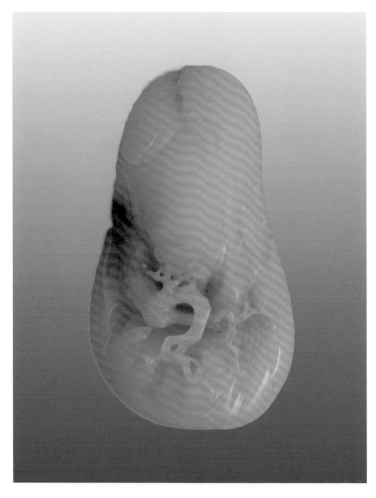

▲ 1 白玉连枝

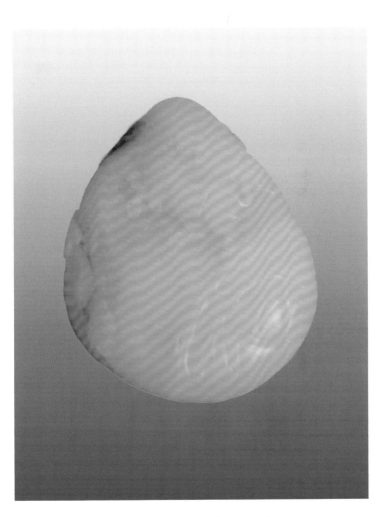

▲ 2 白玉马到成功

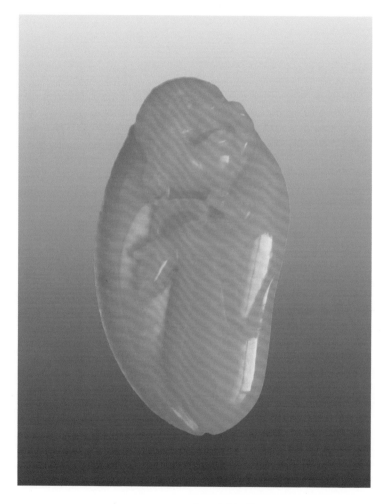

▲ 3 白玉笑佛

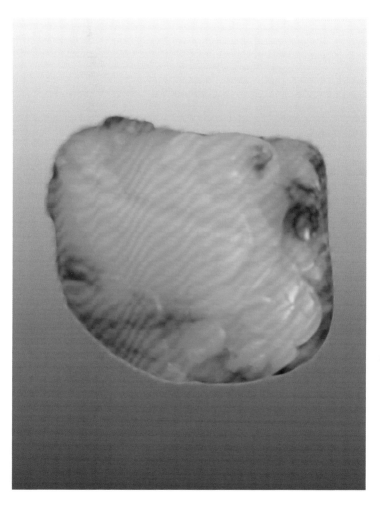

▲ 4 白玉旺财

把件篇

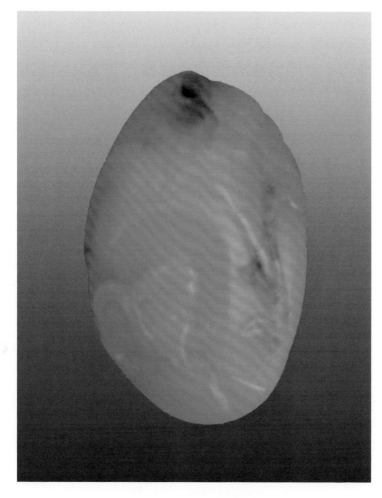

▲ 5 白玉瑞兽

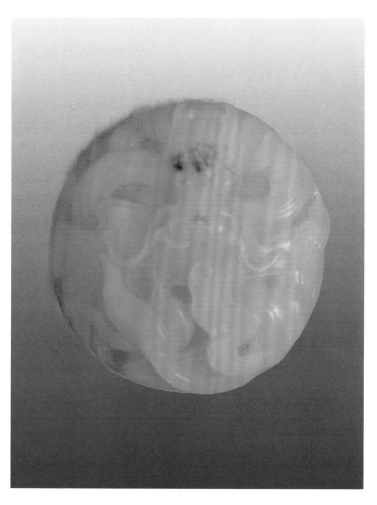

▲ 6 白玉龙佩

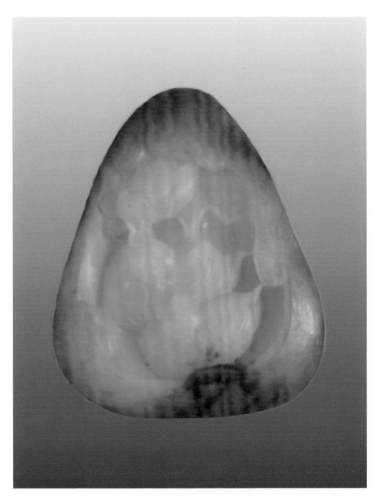

▲ 7 白玉莲芯

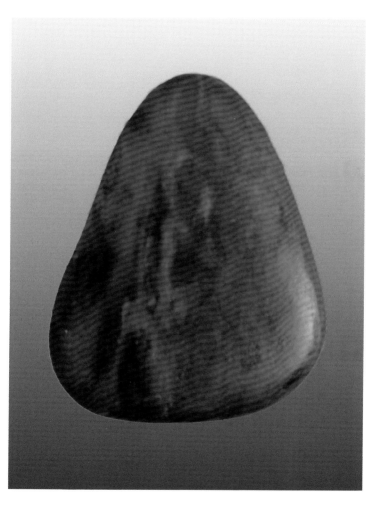

把件篇

▲ 8 枣红皮白玉古佛渡灵猴

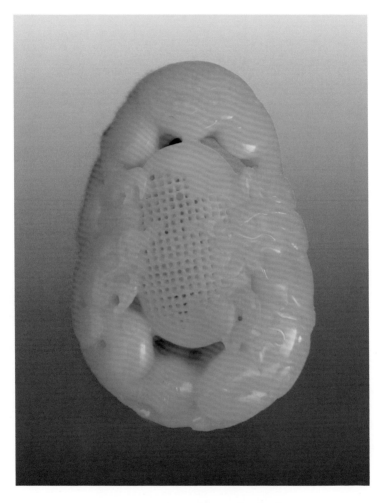

▲ 9 白玉镂空龙戏珠

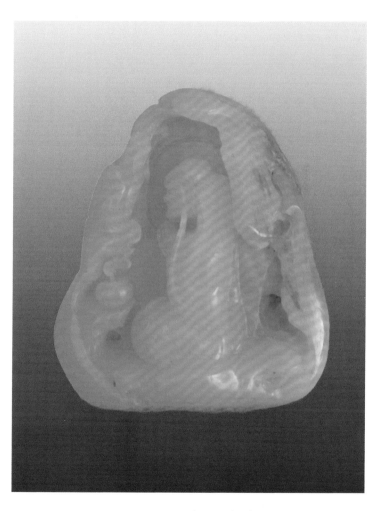

▲　10　白玉达摩

把件篇

▲ 11 石包玉白玉喜上眉梢

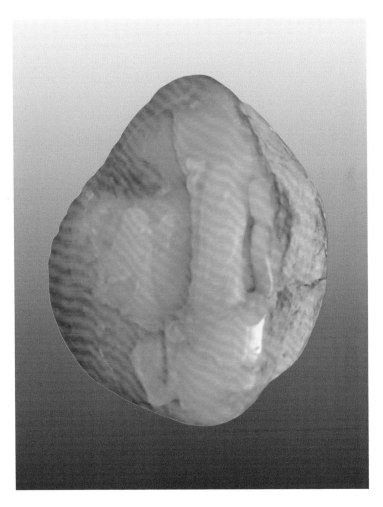

▲ 12 石包玉白玉问道

把件篇

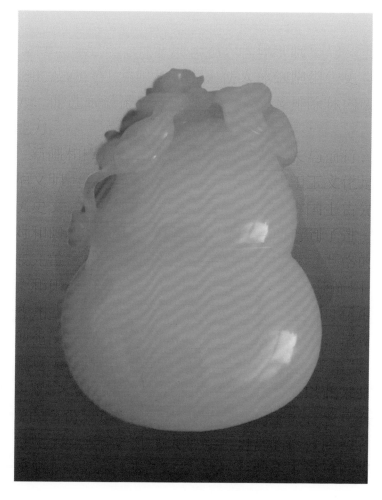

▲ 13 白玉福禄寿

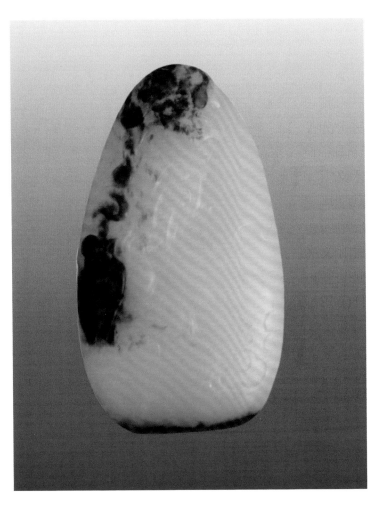

▲ 14 白玉关公

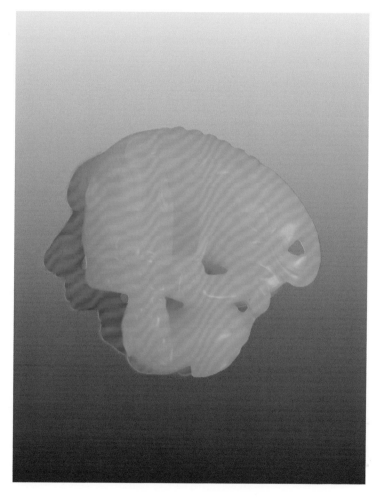

▲ 15 白玉瑞兽

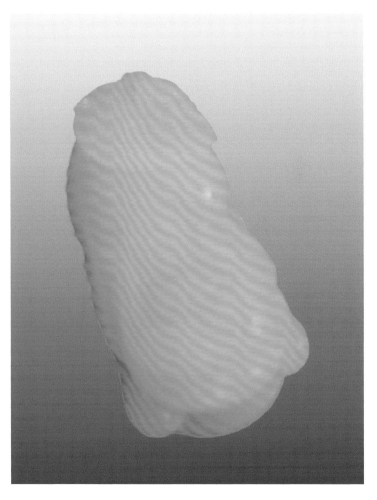

▲ 16 白玉瑞兽吐钱

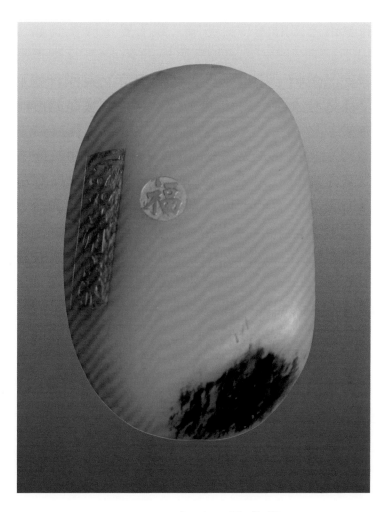

▲ 17 白玉一品青莲

▲　18　白玉关公

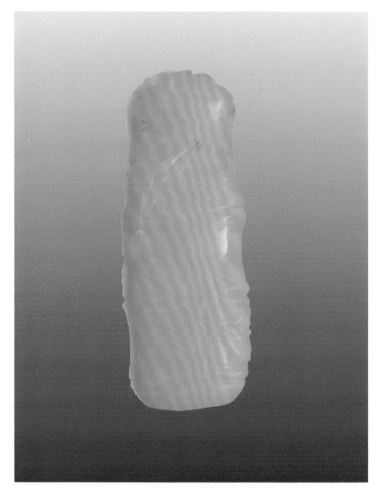

▲ 19 白玉节节高升

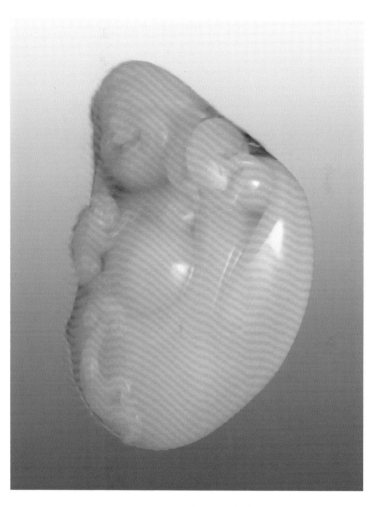

▲　20　白玉刘海

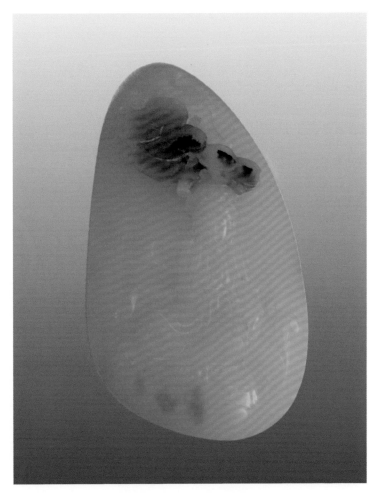

▲ 21 白玉观音

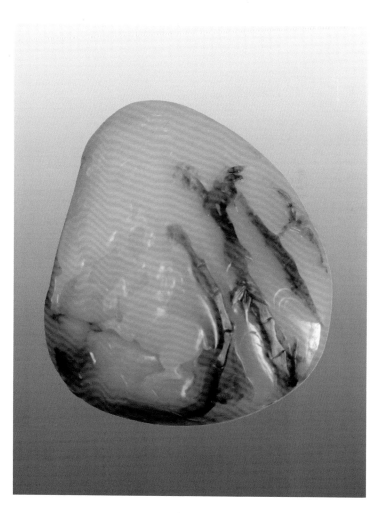

▲ 22 白玉三羊开泰

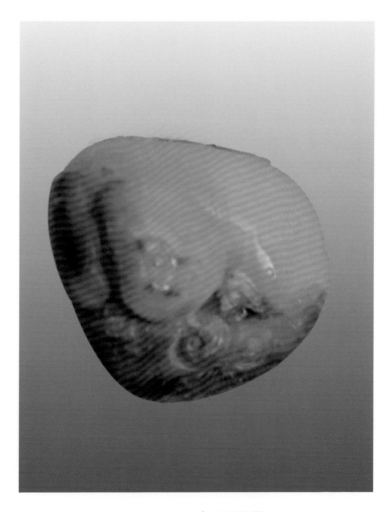

▲ 23 白玉灵猴

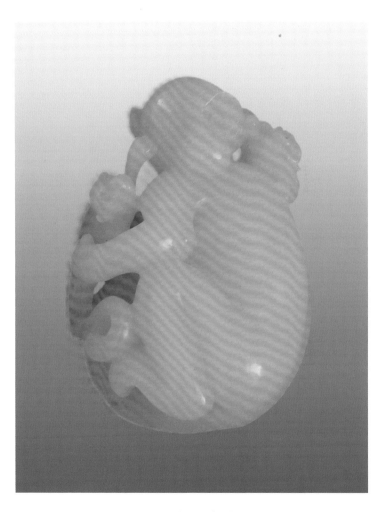

▲　24　白玉代代封侯

把件篇

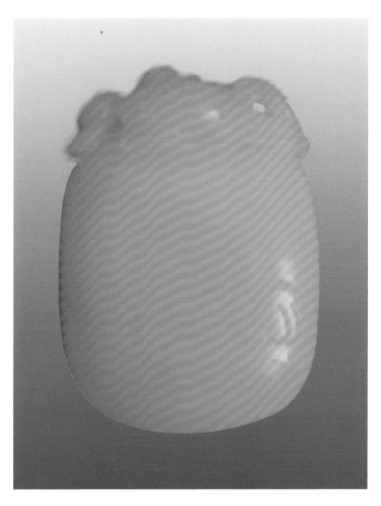

▲ 25 白玉福禄寿

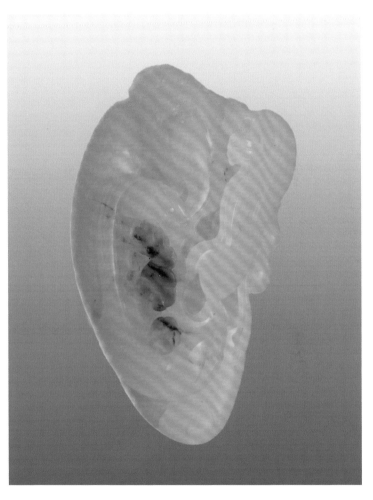

▲　26　白玉寿星

▲ 27 白玉瑞兽

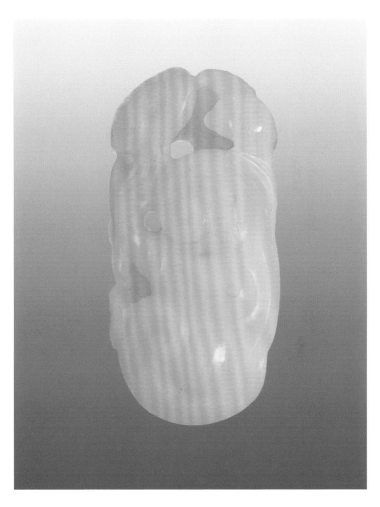

▲ 28 白玉螭龙

把件篇

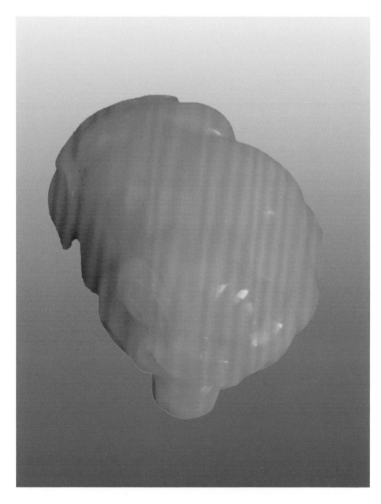

▲ 29 白玉瑞兽吐钱

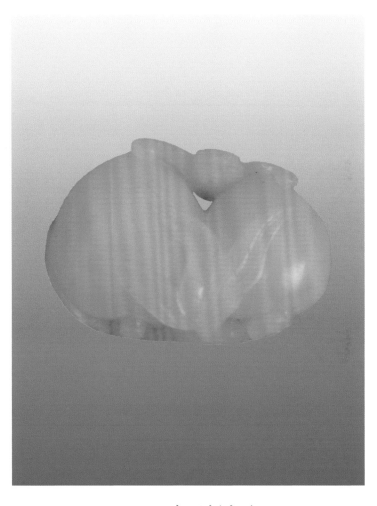

▲　30　白玉福寿成双

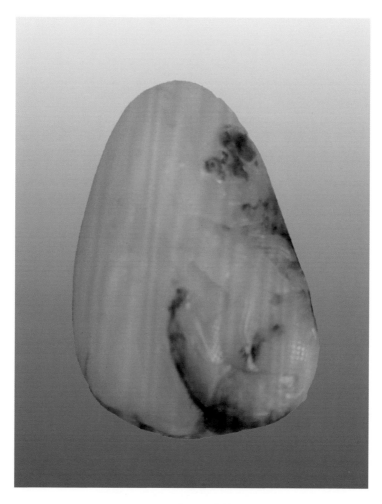

▲ 31 白玉连年有余

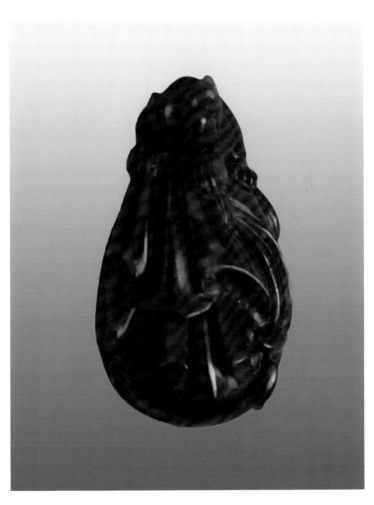

▲ 1 墨玉钱袋猴

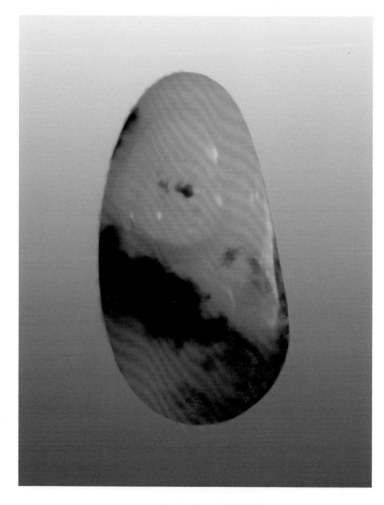

▲ 2 白玉笑佛

▲ 3 白玉关公

挂件篇

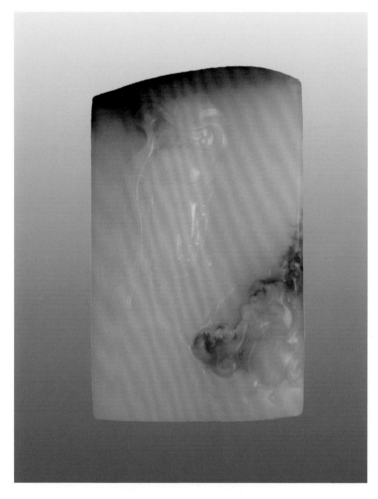

▲ 4 白玉观音

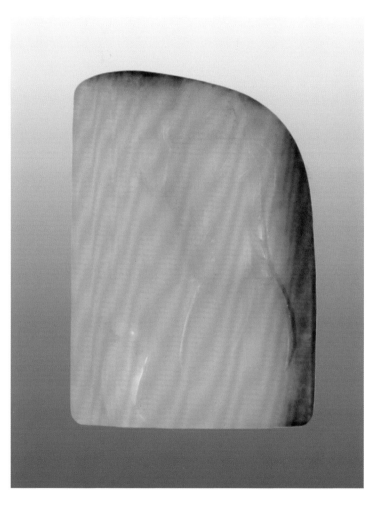

▲ 5 白玉观音

挂件篇

▲ 6 白玉观音

▲　7　白玉冠上加冠

▲ 8 青玉笑佛

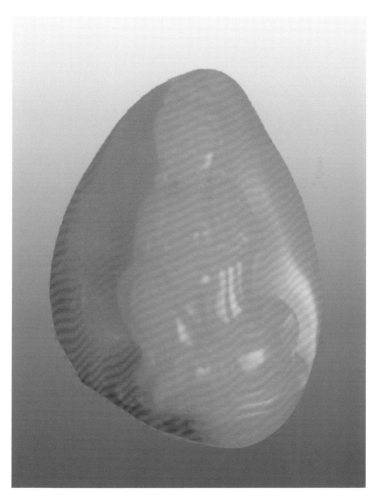

▲ 9 白玉观音

挂件篇

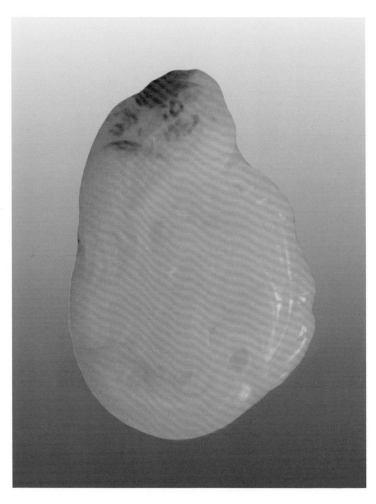

▲ 10 白玉凤佩

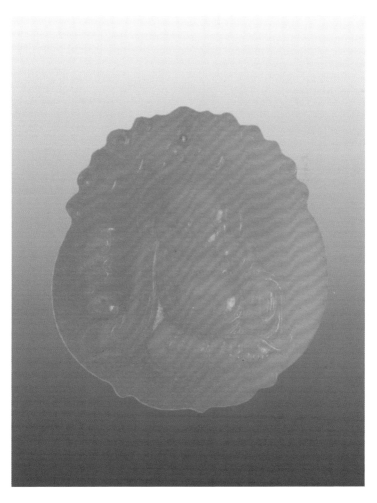

▲ 11 白玉笑佛

挂件篇

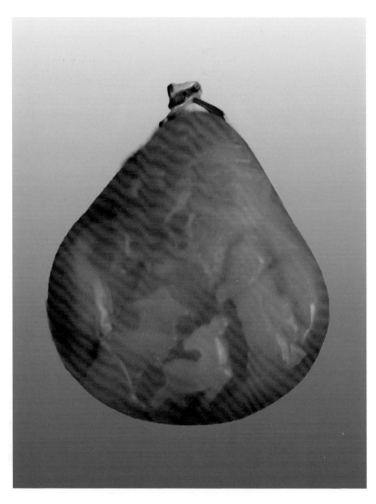

▲ 12 白玉福禄寿

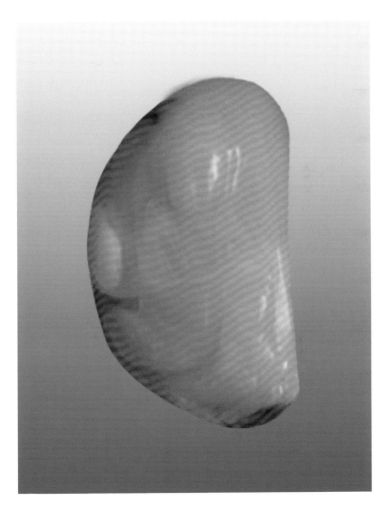

▲ 13 白玉观音

▲ 14 白玉笑佛

▲ 15 白玉寿星

挂件篇

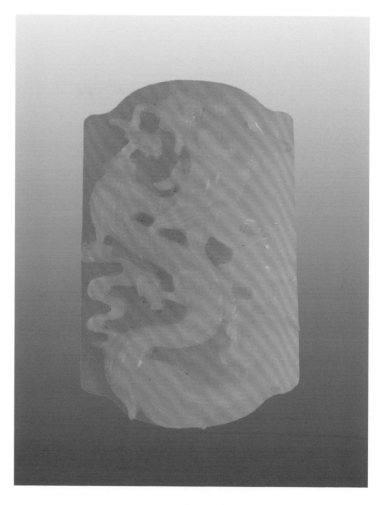

▲ 16 白玉龙腰佩

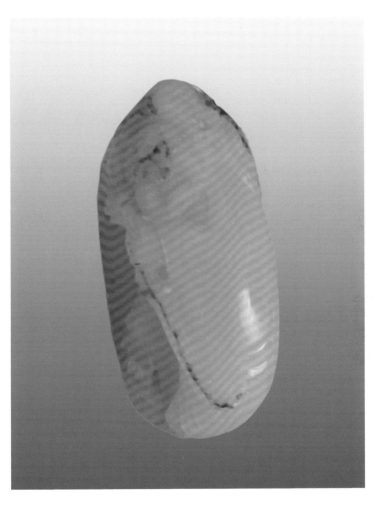

▲ 17 白玉罗汉

挂件篇

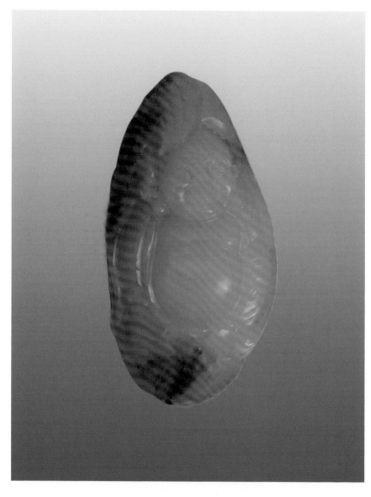

▲ 18 白玉笑佛

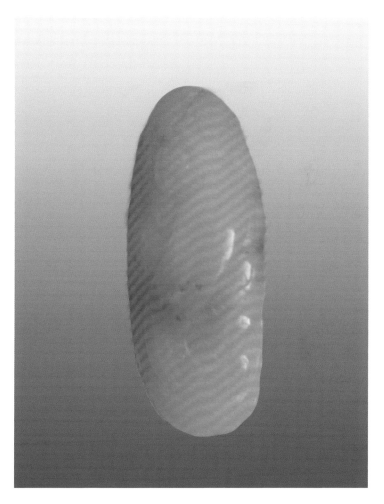

▲ 19 白玉螭龙

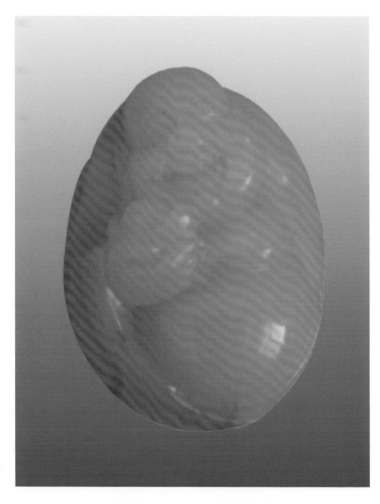

▲　20　白玉笑佛

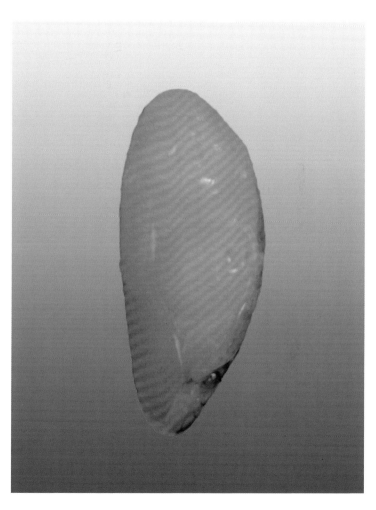

▲　21　白玉笑佛

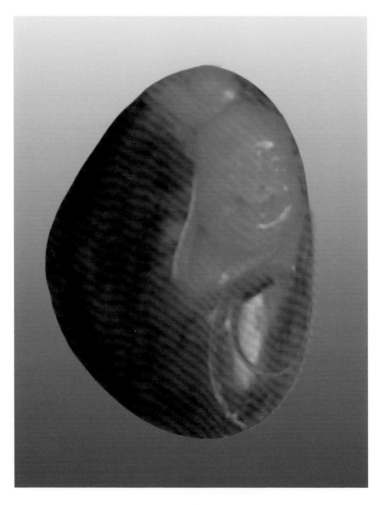

▲　22　白玉笑佛

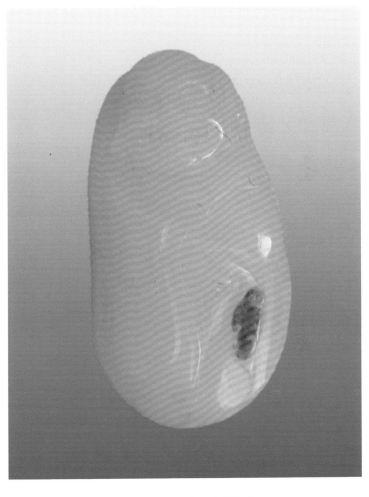

▲ 23 白玉笑佛

挂件篇

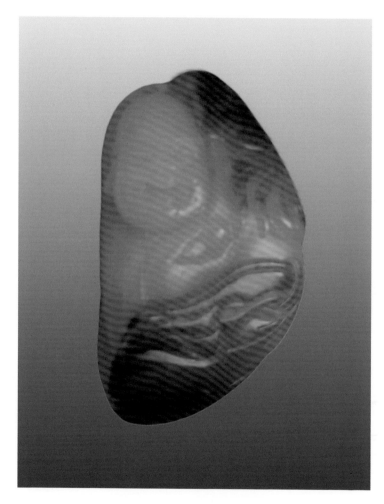

▲ 24 白玉笑佛

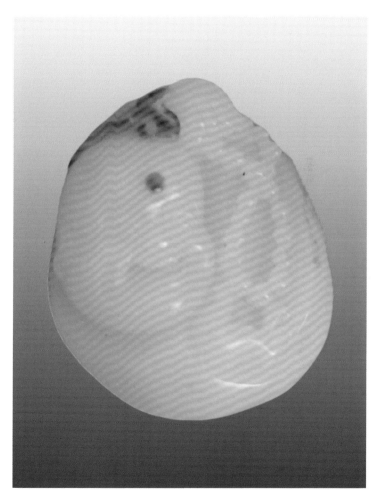

▲ 25 白玉笑佛

挂件篇

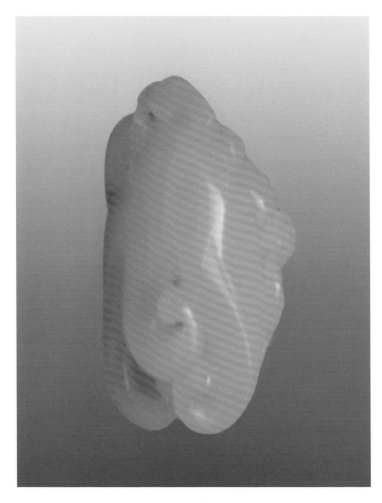

▲ 26 白玉佛手

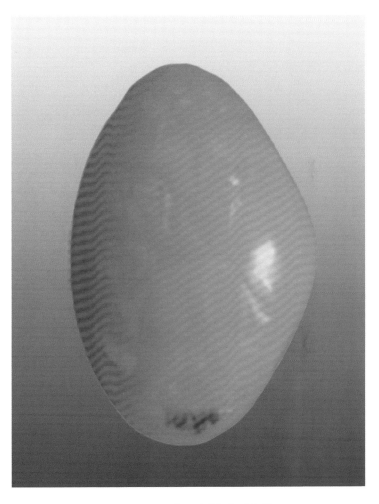

▲ 27 白玉马上封侯

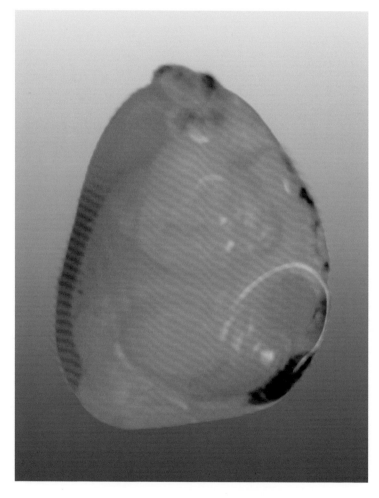

▲ 28 青白玉笑佛

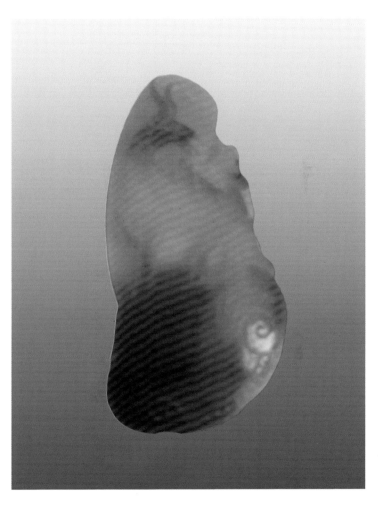

▲ 29 白玉洋洋得意

▲ 30 白玉螭龙

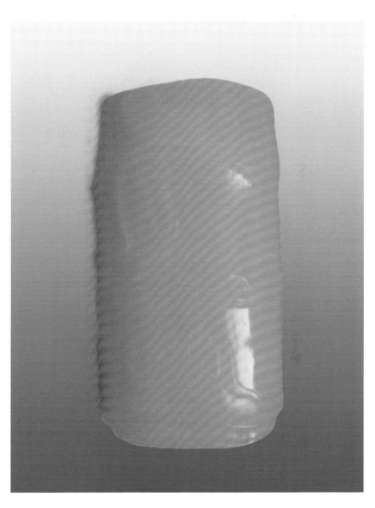

▲ 31 白玉节节高升

挂件篇

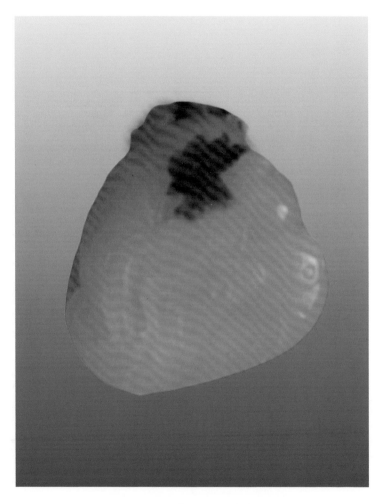

▲ 32 白玉冠上加冠

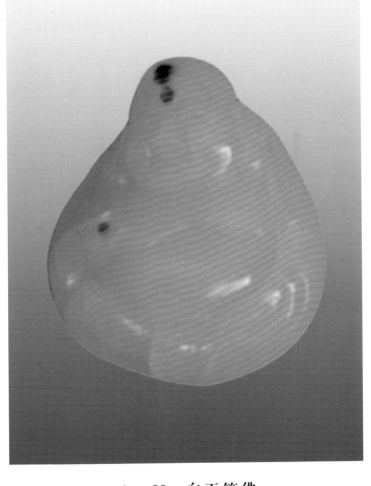

▲　33　白玉笑佛

挂件篇

▲ 34 白玉笑佛

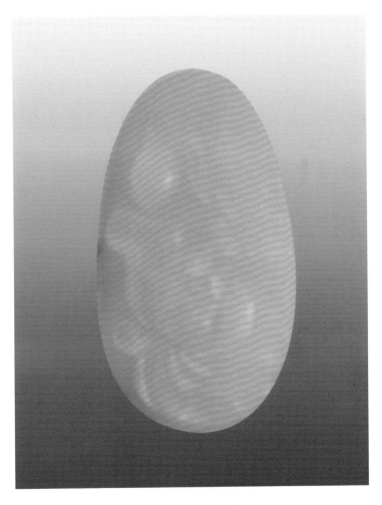

▲　35　白玉菊花

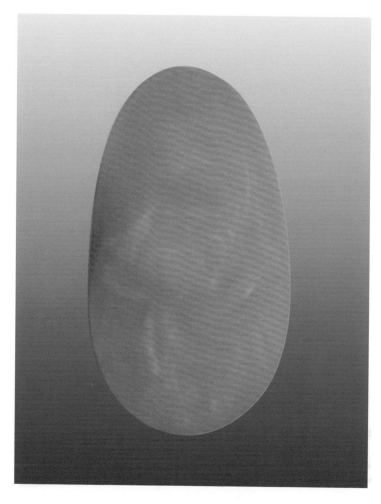

▲ 36 白玉菊花

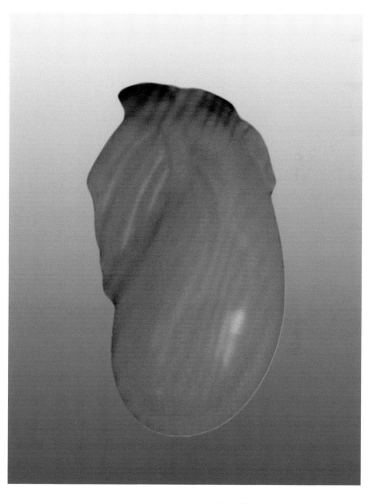

▲ 37 白玉钱袋

▲ 38 白玉福袋

▲ 39 满浸籽玉

挂件篇

后　记

　　这是一个生活和工作快节奏，每个人都在与时间赛跑的时代。为了能最大程度上让读者节省阅读时间，我把本书中文字表述部分占篇幅很大的各类透闪石玉产地介绍，不同特征、化学分析与元素分析对比等内容和中国历史上不同时期狭义和田玉的历史文化与宗教文化等内容进行了最大幅度的删减，由原来的三十六章压缩至现今的十章，力图以简明扼要、通俗易懂的文字表述，让读者以最短的时间读完书中的内容并能够理解。我认为著书的真正意义不是立传，应该是向社会传递知识，让读者获益。本书陈列的 20世纪 80 年代至 90 年代初中国新疆和田玉藏品鉴赏图录中藏玉，均经过国有正规珠宝玉石检测机构鉴定。图录与藏玉实物有色差，图片效果不及实物。为防止图录藏玉被仿冒，本图录中未标注藏玉体积和重量。广大读者如果有对本书内容中个别问题不理解的，可以通过作者的微博（新浪微博"暖暖的大地 25440"）以私信方式与作者沟通。

乾正

2021 年 5 月 8 日